Der Gang der qualitativen Analyse

Für Chemiker und Pharmazeuten

bearbeitet von

Dr. Ferdinand Henrich
o. ö. Professor an der Universität Erlangen

Dritte erweiterte Auflage

Mit 4 Abbildungen

Springer-Verlag Berlin Heidelberg GmbH 1919

ISBN 978-3-662-38731-3   ISBN 978-3-662-39618-6 (eBook)
DOI 10.1007/978-3-662-39618-6

Alle Rechte, insbesondere das der Übersetzung
in fremde Sprachen, vorbehalten.
Copyright 1919 by Springer-Verlag Berlin Heidelberg
Ursprünglich erschienen bei Julius Springer in Berlin 1919

Vorwort zur ersten, zweiten und dritten Auflage.

Der vorliegende Analysengang soll im Anschluß an Bücher wie Volhards „Anleitung zur qualitativen chemischen Analyse[1]", Riesenfelds „Anorganisch-chemisches Praktikum[2]", W. Böttgers „Qualitative Analyse", Treadwells „Kurzes Lehrbuch der analytischen Chemie[3]", u. a. Einführungen in die chemische Analyse benutzt werden. Er verfolgt zweierlei Zweck. Einerseits soll er den Gang der Analyse zusammenhängend so darstellen, daß der Studierende mit wenig Hilfe auskommt. Andererseits soll er guten Erfahrungen den Weg bahnen, die Verf. beim praktischen Unterricht in der analytischen Chemie gemacht hat. Das betrifft vor allem die Vorproben. Daß sie zur Ausbildung des Chemikers unbedingt nötig sind, das wird gerade heutzutage immer wieder betont. Stellen sie doch den Weg dar, nach dem der erfahrene Chemiker sich stets zuerst über den Charakter einer Substanz orientiert. Außerdem schärfen und üben sie die Beobachtungsgabe und das chemische Gefühl. Ihr Zweck ist es, heutzutage den Chemiker schnell über die Eigenart einer Substanz zu unterrichten. Darum sind hier alle zeitraubenden Operationen möglichst gemieden. Selbst bei Komplikationen nehmen die Vorproben nach dem hier beschriebenen Gang nicht mehr als 10—20 Minuten in Anspruch. Über ihre Empfindlichkeit habe ich besondere Versuche anstellen lassen, deren Resultat jedesmal mitgeteilt ist.

Auch andere von mir im Unterricht ausgearbeitete und erprobte Einzelheiten, wie die getrennte Erkennung mehrerer Säuren bei ein und derselben Vorprobe mit konzentrierter Schwefelsäure u. a., wird man in diesem Büchlein finden. Es sei auch darauf hingewiesen, daß die Übersichten über die in Königswasser unlöslichen Substanzen, über die Säuren u. a. sich in der hier gegebenen Anordnung leicht merken lassen, so daß sie ohne mechanisches Auswendiglernen gleichsam in organischer Entwicklung aus dem Gedächtnis abgeleitet werden können.

Die dritte Auflage bringt wesentliche Ergänzungen zur ersten und zweiten, Hinweise und Korrekturlese.

Erlangen, im Oktober 1930.   **F. Henrich.**

---

[1] 15. veränderte Aufl. besorgt von W. Prandtl. 1920.
[2] 9. Aufl. Leipzig, S. Hirzel. 1930.
[3] 14. Aufl. 1930.

Inhaltsverzeichnis.

	Seite
Vorproben	1
I. Verhalten der festen Substanz in der nichtleuchtenden Bunsenflamme	2
II. Verhalten beim Erhitzen im einseitig geschlossenen Rohr	4
III a. Das Verhalten der Substanz beim Erhitzen mit Kohle und Soda	5
III b. Lötrohrproben	7
IV a. Das Verhalten beim Erhitzen in der Phosphorsalz- oder Borax-Perle	8
IV b. Charakteristik einzelner Elemente in der Phosphorsalzperle	8
V. Das Verhalten gegen konz. Schwefelsäure	9
Der nasse Weg	10
A. Prüfung auf Metalle (Kationen)	10
Der Gang des nassen Weges	15
Gruppe I (Salzsäuregruppe)	16
Gruppe II (Schwefelwasserstoffgruppe)	17
Gruppe III (Schwefelammoniumniederschlag)	19
Gruppe IV (Ammoniumcarbonatniederschlag)	24
B. Prüfung auf Säuren (Anionen)	26
Übersicht über die Reaktionen der wichtigsten Säuren	29
Anhang	38
Die Theorie der elektrolytischen Dissoziation	38
Hydrolyse	43
Oxydation und Reduktion	44

Druckfehlerverzeichnis.

S. 19 Zeile 15 v. o. lies: Mg statt dem zweiten Sr
„ 19   „   24/25 v. o. lies: molybdänsaures Ammonium statt molybdänsaure
„ 21 Spalte 2 unter Niederschlag (II) erste Zeile lies: MnO_3H_2 statt $Mn(OH)_2$
„ 24 Zeile 20 v. o. lies: Trübung: Ca statt Trübung: C
„ 24   „   25 v. o.   „   Niederschlag statt Niederschalg
„ 29   „   21 v. o.   „ $K_2Cr_2O_7$ statt $K_2Cr_2O_2$
„ 29   „   7 v. u.   „ CrO_2Br_2 statt CrO_2H_2
„ 31   „   14 v. u.   „ ClO_4' statt ClO_4
„ 32   „   16 v. o.   „   lies: Natriumhyposulfit statt -hydrosulfit
„ 32   „   22 v. o.   „   Hyposulfitlösung statt Hydrosulfitlösung
„ 35   „   12 v. o.   „   Alkalihydroxyd statt -hydroxxd

Henrich, Analyse. 3. Aufl.

Der Gang der chemischen Analyse.

Wenn der Chemiker eine Substanz qualitativ zu untersuchen hat, so prüft er sie zuerst auf Aussehen (besonders Farbe) und Geruch, macht dann **Vorproben** und danach die Analyse auf **nassem Wege**.

Vorproben.

(Man verwendet dazu, wenn nicht anders angegeben, fein **gepulverte**, gut durchgemischte Substanz.)

Die Vorproben orientieren den Chemiker **rasch** über die Natur der Substanz, die vorliegt. Der Geübte kann aus den Vorproben meist allein schon erkennen, was für eine Substanz vorliegt. Die Vorproben üben besonders die Beobachtungsgabe und das „chemische Gefühl".

Durch die Vorproben wird das **Verhalten einer Substanz beim Erhitzen, sowie gegen konzentrierte Schwefelsäure und verdünnte Säuren** festgestellt.

Das Erhitzen der Substanz geschieht in mehrfacher Weise:

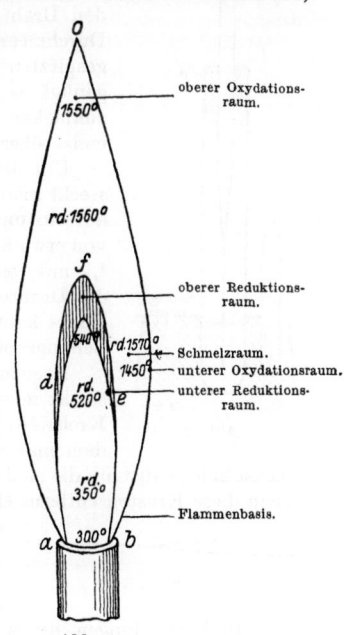

Abb. 1.

I. Man *erhitzt* die Substanz *an einem Platindraht* oder einem *Magnesiastäbchen in der nichtleuchtenden Flamme des Bunsenbrenners* (Abb. 1).

II. Man *erhitzt* die Substanz *im einseitig geschlossenen Röhrchen* (Reagens- oder Glühröhrchen) (Erhitzen bei beschränktem Luftzutritt, destillierendes Erhitzen).

III. Man *erhitzt* die Substanz *mit Kohle und Soda* (als Flußmittel) entweder am Kohle-Sodastäbchen oder auf Holzkohle[1] mit der Lötrohrflamme. (Man erkennt so besonders Metalle und Schwefel.)

IV. Man *erhitzt* die Substanz *in der Phosphorsalz- oder Boraxperle* (bes. bei farbigen, metallhaltigen Substanzen und bei Silicaten).

---

[1] Holzkohle, die beim Erhitzen weder Funken sprüht noch zerspringt oder splittert, erhält man bei der Firma: M. Hofmann, Freiberg i. S., Meißnergasse 41.

Vorproben.

V. Man *trägt die Substanz in konz. Schwefelsäure ein*, beobachtet die Erscheinung und erhitzt sie danach (Erkennung vieler Säuren). In manchen Fällen, auf die hingewiesen wird, prüft man auch das Verhalten gegen *verdünnte Säuren*.

Hierdurch kann man rasch einen Aufschluß über den allgemeinen Charakter einer Substanz und über ihre Hauptbestandteile erhalten. Dann erst bringt man die Substanz in Lösung (resp. schließt sie vorher auf) und führt mit der Lösung die Analyse auf „nassem Wege" durch (s. S. 15).

I. Verhalten der festen Substanz in der nichtleuchtenden Bunsenflamme. (Abb. 2.)

Versuch:
Glühe das Ende eines dünnen, mit Schlinge versehenen *Platindrahts*[1] oder eines *Magnesiastäbchens*[2] in

Beobachtung:
1. Die Substanz färbt die Bunsenflamme:
a) Rot: Ca (gelbrot), Sr, Li (carminrot). (Durch ein blaues Glas erscheinen Sr und Li violettpurpur.) Im Spektralapparat[3] kann man

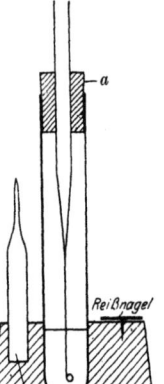

Abb. 2.

Abb. 2a.

[1] Einen Platindraht von ca. 0,25—0,3 mm Dicke und 3 bis 4 cm Länge schmilzt man in dem dünnen Teil eines ausgezogenen Glasröhrchens (von ca. 0,5 cm Dicke) durch Drehen in der Bunsenflamme ein. Dann versieht man den Draht unten mit einer Schlinge von höchstens 1 mm Durchmesser, indem man ihn um einen durch Ausziehen zugespitzten Glasstab einmal wickelt. Bei manchen Proben genügt es auch, das Ende des Platindrahts kurz zusammenzuknicken (Abb. 2a), bei Phosphorsalz- oder Boraxperlen ist meist überhaupt keine Schlinge nötig.

Um den Platindraht immer gebrauchsfähig zu erhalten, steckt man ihn zweckmäßig fest in einen Korkstopfen (a), der auf ein unten geschlossenes Glasröhrchen (Reagensröhrchen) von etwa 8 cm Länge und 1—1,2 cm Weite paßt, das zu $1/4$ bis $1/3$ mit verd. Salzsäure gefüllt wird. Beim Herausnehmen des Drahtes (samt Kork) und nach kurzem Ausglühen seines Endes kann man dann die zu untersuchende Substanz in die Schlinge oder auf die Umbiegung bringen.

Reagensröhrchen mit Draht und den zugespitzten Glasstab steckt man zweckmäßig in einen großen Kork (ca. 4—4,5 cm Kreisweite), in den man noch einen Reißnagel einsteckt, auf dem man mit dem unteren Teil des ausgezogenen Glasstabs Rückstände (Krusten), die nach dem Erhitzen am Draht verblieben sind, zerdrückt. Wenn diese Krusten entfernt sind, setzt man den Draht wieder in die verd. Salzsäure (s. Abb. 2). Dieser Apparat kann auch beim organischen Arbeiten benutzt werden.

Weniger gut ist es, auf einen Platin- oder anderem Spatel zu erhitzen.

NB. Verbindungen, die As, Sb, Sn, Pb, Bi, Ag u. a. Metallsalze enthalten, zerstören oft den damit beladenen Teil des Platindrahts, machen ihn brüchig oder bringen ihn zum Schmelzen. Schwermetallsalze erhitzt man besser an einem Magnesiastäbchen.

[2] Edgar Wedekind, Ber. **45**, 382 (1912).

[3] Bei der Untersuchung im Spektralapparat bringt man die mit Salzsäure befeuchtete Substanz an dünneren Drähten (0,1—0,15 mm) in die nichtleuchtende

der nichtleuchtenden *Bunsenflamme* so lange *aus*, bis diese nicht mehr gefärbt wird. *Tauche* dann das ausgeglühte Ende erst in Wasser oder besser Salzsäure, dann *in Probesubstanz und erhitze* erst vorsichtig, dann stärker in der nichtleuchtenden Bunsenflamme. Es können einzelne von den Fällen 1, 2, 3 oder 4 eintreten:

NB. Bei Gemischen verwischen sich oft die Erscheinungen, doch sind manche auch dann meist noch so deutlich, daß man die betr. Elemente erkennen kann.

meist sofort erkennen, welche dieser Elemente vorliegen.

b) Stark und anhaltend gelb: **Na** (schwache, rasch verschwindende Gelbfärbung tritt beim Erhitzen aller Körper auf). Betrachte die Flamme durch ein dickeres blaues Glas[1]: Die Gelbfärbung verschwindet ganz oder zum Teil. Erscheint die Flamme jetzt rotviolett, so ist K anwesend (s. Spektralapparat). Ist Li neben Na vorhanden, so wird eine rote Flammenfärbung zwar auch durch die Na-Flamme verdeckt, man sieht aber am Flammenrande oft doch die rote Farbe des leichtflüchtigen Li's.

c) Grün: **Ba** (fahlgrün) Spektralapparat; **Borsäure, Kupferhalogenide und (Tl)**.

d) Violett: **K** (Spektralapparat). Durch blaues Glas betrachtet erscheint die Flamme rotviolett.

e) Fahlblau: **As-**, **Sb**-Verbindungen; **Pb**-Halogenide.

f) Rein blau: $CuCl_2$, Se.

2. Die Substanz schmilzt: Salze der Alkalien.

3. Die Substanz leuchtet:
   a) mit weißem Lichte: alkalische Erden und Erden.
   b) mit gelbgrünem Lichte: **ZnO**.
   c) mit gelbem Lichte: SnO_2, Sb_2O_3.

4. Die Substanz verbrennt oder verglüht: Organische Substanzen.

Bunsenflamme. Im Spektralapparat orientiert man sich nach der stets auftretenden gelben Na-Linie.

Ca hat links davon eine rote, rechts davon eine grüne Linie.

Sr zeigt mehrere rote, links nahe an der Na-Linie eine starke orangegelbe, und rechts eine blaue Linie.

Li zeigt eine rote Linie.

Ba zeigt bes. mehrere grüne Linien oder Banden.

Tl hat eine grüne Linie.

K zeigt eine rote (weiter von Na abliegend als Li) und violette Linien (letztere ist schwerer zu sehen).

NB. Der Anfänger stelle die Lage der Linien dieser Elemente auf der Skala fest, der Geübte erkennt die Spektren ohne Skala. (Genauere Anleitung findet man im Treadwell, Qualitative Analyse, 14. Aufl., S. 97 ff. (1930). — Ferner E. H. Riesenfeld, Anorgan. chem. Praktikum, 9. Aufl., S. 122 ff. (1930) u. a. a. O.). — Statt die Substanzen mit dem Platindraht zu verdampfen, kann man auch einen Beckmannschen oder Riesenfeldschen Brenner (s. Riesenfeld, Anorgan. chem. Praktikum, 9. Aufl., S. 124 Anm.) verwenden.

[1] Die blauen Gläser dürfen gelbes Na-Licht nicht durchlassen (Vorversuch mit Na-Salz). Besser noch verwendet man ein schmales Hohlprisma, das mit einer Indigolösung gefüllt ist, die 1 Tl. Indigo in 8 Tln. rauch. Schwefelsäure gelöst, dann auf 2000 Tle. mit Wasser verdünnt und filtriert, enthält.

II. Verhalten beim Erhitzen im einseitig geschlossenen Rohr.

Versuch:

Bringe eine kleine Messerspitze voll *Substanz in ein Reagens- oder Glühröhrchen*[1] *und erhitze* in der nichtleuchtenden Bunsenflamme erst schwach, dann stärker. Es können die Fälle 1—6 eintreten:

Beobachtung:

1. Es entweicht Wasser evtl. unter Knistern und setzt sich am kalten Teil an:
   a) wenig Wasser: Feuchtigkeit,
   b) viel Wasser: Krystall- oder Konstitutionswasser.

   Man entfernt das Wasser durch ein um einen dünnen Glasstab gewickeltes Filtrierpapier und erhitzt dann stärker.

2. Die Substanz **sublimiert**: NH_4-, **Hg**-, **As**-, (**Sb**-), S-Verbindungen. Nun *überschichtet* man eine neue Probe *Substanz mit trockener Soda* und KCN[2] oder Kohle *im Glühröhrchen, entwässert vorsichtig und glüht* dann stark:

   Geruch nach NH_3: NH_4-Salze,

   grauer bis weißer Metallring: **Hg** (beim Reiben des Spiegels mit Glasstab entstehen Hg-Tröpfchen)[3],

   glänzend schwarzer Spiegel: **As**[4] (in NaOCl löslich), **Sb** (in NaOCl unlöslich).

3. Die Substanz **zersetzt sich** unter Gas- und Dampfentwicklung (Riechen, Anzünden, evtl. glimmenden Spahn einstecken, feuchtes Lackmuspapier vorhalten, durch Gasentbindungsrohr in Barytwasser einleiten).

   a) Die Dämpfe **riechen:**

   SO_2 (nach brennendem Schwefel): von sauren Sulfiten, manchen Sulfiden und Sulfaten.

   Essigsäure von Acetaten.

   NH_3 von manchen NH_4-Verbindungen wie Phosphorsalz.

   $(CN)_2$ stechend, brennt angezündet mit pfirsichblütenfarbiger Flamme von Cyaniden wie AgCN, $Hg(CN)_2$.

   b) Die Dämpfe sind **farbig:**

   gelb bis rotbraun: N_2O_3 und NO_2 aus Nitriten und Nitraten.

   gelb: **Br** aus manchen Br-Verbindungen.

   Gepulverte Stärke, die beim Eintauchen

---

[1] Ein Glühröhrchen ist ein einseitig zugespitztes und geschlossenes Röhrchen aus schwer schmelzbarem Glas von etwa 0,7—0,8 cm Gesamtdicke und 8—10 cm Länge (Abb. 3).

Abb. 3.

[2] Verwende ein Gemisch von 1 Tl. calcinierter Soda +1 Tl. KCN oder auch K-Oxalat.

[3] Nach Versuchen von Herrn Kratzer kann man so mit Soda 0,01 g Hg in 0,06 g Substanzgemisch noch deutlich erkennen.

[4] Hg und As können so auch nebeneinander erkannt werden, da der Arsenspiegel sich entfernter von der Erhitzungsstelle absetzt als der Hg-Spiegel.

eines unten feuchten Glasstabes an diesem hängen bleibt, wird beim Eintauchen in Br-Dampf gelb bis braungelb (Unterschied von Oxyden des Stickstoffs).

violett: **J** aus manchen J-Verbindungen.
c) Die Dämpfe sind **farblos**:
O_2 (entflammt glimm. Spahn) aus **Superoxyden**, **Chloraten** (Bromaten, Jodaten), **Nitraten**, **Nitriten**, HgO, Ag_2O.
CO (brennt mit bläulicher Flamme), aus **Oxalaten**.
CO_2 (trübt Barytwasser), aus Bicarbonaten, manchen Carbonaten und aus Oxalaten.
4. Die Substanz **verkohlt** und riecht dann brenzlich: **Organische Substanzen.**
5. Die Substanz bleibt unverändert oder schmilzt ohne Zersetzung: Silicate, Oxyde und Salze der Erdalkalien und Alkalien.

III a. Das Verhalten der Substanz beim Erhitzen mit Kohle und Soda.
(Kohle-Sodastäbchen oder Lötrohr vor der Kohle.)

Versuch:	Beobachtung:
Stelle ein Kohle-Sodastäbchen her[1] und erhitze	1. Der obere geglühte Teil des Kohle-Sodastäbchens wird mit wenigen Tropfen Wasser auf eine mit

[1] **Herstellung eines Kohle-Sodastäbchens:** *Auf den gereinigten ebenen Deckel eines Pulverglases,* s. Abb. 4 (oder auf eine frisch gesäuberte Glasplatte) *bringt man einige linsen- bis erbsengroße Körner krystallisierter Soda* (ca. $1/_2$ bis $2/_3$ g) *und schmilzt sie* in der aus der Abb. 4 ersichtlichen Weise *in ihrem Krystallwasser. In der* so entstehenden konzentrierten *Sodalösung wälzt man* den *hinteren* Teil eines *nicht imprägnierten Streichhölzchens* oder anderen reinen Holzstäbchens ähnlicher Form auf etwa 2 cm Länge von der Spitze an *so lange, bis es allseitig* (besonders auch die Spitze) *mit Sodalösung bedeckt ist. Nun führt man es unter* fortwährendem schnellen *Drehen* um seine Achse und gleichzeitigem, raschem Hin- und Herbewegen *in die Flamme eines Bunsenbrenners so lange ein, bis die Soda als weiße Kruste* auf dem Hölzchen *sichtbar wird.* Das Hölzchen darf dabei nicht verbrennen oder verglimmen. *Nun* wird die Soda auf dem Glasdeckel nochmals geschmolzen und *das Hölzchen nochmals ausgiebig in der Sodalauge gewälzt,* um die noch von Soda freien Lücken zu bedecken. Wieder wird es durch schnelles Drehen und Hin- und Herfahren in der Bunsenflamme getrocknet. Nachdem es *nun*

Abb. 4.

am oberen Ende lückenlos mit Soda bedeckt ist, *hält man es* etwa 1 bis $1^1/_2$ cm lang *in den heißesten Teil der* nichtleuchtenden *Bunsenflamme* und dreht es ganz langsam, *bis die Sodakruste schmilzt.* Sollte das Hölzchen dabei zu brennen *die Substanz daran.* Mit ein und demselben Kohle-Sodastäbchen macht man die folgenden 3 Versuche:

Wasser und einem Kreidestück blank gescheuerte *Silbermünze gebracht;* stark brauner Fleck **(Heparreaktion)** deutet auf S von Sulfaten, Sulfiten, Thiosulfaten, Sulfiden (schwache Bräunung kann vom Schwefelgehalt des Brennergases herrühren)[1].

2. *Bringe das Stäbchen mit wenigen Tropfen Wasser* vom Silberstück *in eine kleine Reibschale* (am besten dunkle Achatschale), *zerdrücke es mit dem Pistill und fahre mit* der Spitze eines stark *magnetischen Messers*[2] in der zerdrückten Masse *herum. Entferne das Wasser* an der Messerspitze *mit Löschpapier und trockne durch* ganz *gelindes Erwärmen* über einer kleinen Flamme. Es bleiben haften: **Fe, Ni, Co.** (Man kann nun das Hängengebliebene auf einem Uhrglas in einigen Tropfen HNO_3 (1:1) lösen, die Lösung einengen und einen Tropfen mit $K_4[Fe(CN)_6]$-Lösung versetzen: Blaufärbung: **Fe**; einen anderen Tropfen versetzt man mit KOH und Br-Wasser: schwarzer Niederschlag: **Co, Ni**).

3. *Schlämme* durch vorsichtiges Aufgießen von Wasser aus der Spritzfläche *die Kohleteilchen fort,* gieße das Wasser vorsichtig ab *und betrachte den Boden der Schale;*
    a) weiße dehnbare Metallscheiben: **Ag, Pb, Sn** (Ag und Pb lösen sich in HNO_3, Sn gibt damit weißes Oxyd),
    b) weiße spröde Metallfilter: **Sb und Bi,**
    c) rote schwammige Metallmasse (schlecht sichtbar): **Cu.**

oder stark zu glimmen anfangen, so muß man diese Stelle vorsichtig (damit das Hölzchen nicht abbricht) in die Sodalösung tauchen und dann weiter erhitzen. Wenn die geschmolzene Soda den oberen verkohlten Teil des Hölzchens als Glasur umgibt, ist es zum Gebrauche fertig.

Man bringt nun eine kleine Menge Substanz (höchstens soviel wie ein großer Stecknadelkopf) *auf den Glasdeckel,* legt direkt dahinter einen kleinen Sodakrystall, schmilzt diesen, befeuchtet *das Holzstäbchen* damit und streift damit vorsichtig (nicht drücken) die Substanz vom Glasdeckel ab. Nun *erhitzt* man erst unter Drehen, bis das darauf Gebrachte trocken ist, und dann *so lange* im heißesten Teil der Bunsenflamme, *bis heftiges Aufwallen stattfindet,* was nach spätestens $1/2$ Minute der Fall ist. Nun verfährt man sukzessive nach 1., 2., 3. oben. Man übe sich jedesmal ein an einem Blindversuch, um zu sehen, ob Gas und Soda allein keine intensive Heparreaktion geben.

[1] Se bildet heparfarbiges Ag_2Se, doch reagiert alkalische Se-Lösung nicht mit Nitroprussidnatrium (Unterschied von alkal. Sulfidlösung).

[2] Man führt beide Seiten der Klinge eines Messers eine Zeitlang in *einer* Richtung (nicht Hin- und Herfahren) über den gleichen Magnetpol und hat die Klinge dann für längere Zeit magnetisch gemacht.

IIIb. Lötrohrproben.

[Ausführliches s. W. Biltz, Ausführung quantitativer Analysen S. 15ff. u. 37 ff. (1930). — Ferner Plattner-Kohlbeck, Probierkunst und J. Landauer, Lötrohranalyse. Berlin: Julius Springer.]

Versuch:

Bringe eine kleine Messerspitze voll *Substanz* auf ein Stück *Holzkohle* und erhitze vorsichtig *mit dem Lötrohr* (kann meist unterlassen werden, falls III a gemacht ist):

1. Ohne Soda. Beobachtung:
  a) Es verpuffen: Nitrate, Nitrite, Chlorate, Bromate, Jodate.
  b) Es blähen sich auf: Borate, Alaun.
  c) Es schmelzen und sickern in die Kohle: Salze der Alkalien und einige alkalische Erden.
  d) Es leuchten resp. färben sich:
    α) mit weißem Lichte: alkalische Erden und deren Salze,
    β) mit gelbem Lichte: SnO_2, Sb_2O_3,
    γ) mit gelbgrünem Lichte: ZnO,
    δ) braun: PbO, Bi_2O_3, HgO.
  e) Es entstehen Beschläge: siehe 2.

2. Mit Soda. (ca. 3fache Menge calcin. Soda in der Reduktionsflamme).
  a) Beschlag[1] ohne Metallkorn:
    α) weiß: ZnO (Hitze gelb), As_2O_3 weiß (weitfliegend, Knoblauchgeruch),
    β) braun: **CdO.**
  b) Beschlag mit Metallkorn:
    α) weißer Beschlag: **Sb** (bläulicher Saum), Metallkorn weiß und spröde,
    β) gelber Beschlag: **Pb** (weißer Saum), Metallkorn weiß und duktil,
    γ) braungelber Beschlag: **Bi**, Metallkorn weiß und spröde.
  c) Metallkorn ohne Beschlag:
    α) weißes Metall: **Ag**, **Sn** (evtl. geringer weißer Beschlag), **Pt**,
    β) gelbes Metall: Au duktil,
    γ) rotes Metall: Cu (schwammig, zusammengesintert),
    δ) Graue Flitter: **Fe, Co, Ni** (magnetisch).
  d) grüne unschmelzbare Masse: Cr_2O_3 und viele Verbindungen des Cr.
  e) Heparreaktion: **S** (Se, Te).

3[2]. Bleibt eine weiße ungeschmolzene Masse auf der Kohle, so betupft man sie mit verdünnter $Co(NO_3)_2$-Lösung und glüht stark in der Oxydationsflamme:

Fleischrote Masse. MgO fleischfarbig.	Grüne Masse (Schlacke). Rinmansgrün. ZnO SnO_2 Sb_2O_3	Blaue Gläser oder Schlacken. phosphorsaures borsaures kieselsaures } Alkali.	Blaue unschmelzbare Massen. Al_2O_3 Thénardblau: Al=O phosphorsaure borsaure kieselsaure } Erden	Violette Massen. phosphorsaures arsensaures } **Mg**. $\begin{matrix}O-Co-O\\Al=O\quad Al=O\end{matrix}$

---

[1] Diese Beschläge, die besonders aus Oxyden und Carbonaten bestehen, sind meist sehr charakteristisch.

[2] Diese Probe kann man auch so ausführen, daß man ein kleines Röllchen Filtrierpapier, in dem sich die Substanz befindet, mit verdünnter $Co(NO_2)_2$-Lösung durchfeuchtet, verkohlt (nicht verbrennt) und dann stark glüht. Beim Zerdrücken wird die Farbe dann sichtbar.

IVa. Das Verhalten beim Erhitzen in der Phosphorsalz- oder Borax-Perle. [h = heiß; k = kalt; g = gesättigt.][1]

Versuch:
Tauche das *erhitzte Ende eines Platindrahtes* (Öse) od. Magnesiastäbchens in festes *Phosphorsalz* oder *Borax* und *erhitze* das Hängengebliebene vorsichtig in der nicht leuchtenden Bunsenflamme, *bis* alle Gasentwicklung aufgehört hat und die Perle (höchstens 1 mm groß) *glasklar* geworden ist. *Berühre* dann *mit* dieser *heißen Perle* erst wenig, dann evtl. mehr *Substanz* (am besten in Form von Körnchen) *und erhitze, bis* eine *homogene, durchsichtige Färbung* entsteht, erst im Oxydations- dann im Reduktionsraum (nicht zu kurze Zeit) der Bunsenflamme.

Beobachte jedesmal die Färbungen gegen hell (Himmel) und dunkel.

Beobachtung:

Gelb bis gelbbraun
- In der **Oxydationsflamme:** Fe (h), Ag (h), U, V (beim Erkalten verblassend).
- In der **Reduktionsflamme:** Fe (h), Ti.

Grün
- In der **Oxydationsflamme:** Cu (h), Cr, U, Mo (auch Fe, wenn es Cu oder Co-haltig).
- In der **Reduktionsflamme:** Cr, U, V, Mo.

Blau
- In der **Oxydationsflamme:** Cu (k), Co (bleibt auch in der Reduktionsflamme blau, Cu wird dabei rot).
- In der **Reduktionsflamme:** Co, W, Nb (stark g)

Violett (amethystfarbig)
- In der **Oxydationsflamme:** Mn (wird in der Reduktionsflamme farblos).
- In der **Reduktionsflamme:** Ti (wird auf Zusatz von Fe-Salz blutrot); Nb (stark g).

Rot
- In der **Oxydationsflamme:** Fe (h, stark g), Ni (h).
- In der **Reduktionsflamme:** Cu (bes. nach Zusatz von etwas Zinnchlorür), Fe (h), W, Titaneisen.

Grau
- In der **Reduktionsflamme:** Ni, auch Ag. Pb, Bi, Sb, Cd, Zn (stark g).

Farblos
- Mit **Skelet** in der **Phosphorsalzperle** (in der Platindrahtöse): SiO_2 (bes. wenn Körnchen verwendet wurden). — Ohne Skelet: Alkalien alkalische Erden, Erden auch Sn.

IVb. Charakteristik einzelner Elemente in der Phosphorsalzperle.

	Oxydationsflamme:	**Reduktionsflamme:**
Fe	h gelb, k farblos stark g: h braun, k gelb	farblos, stark g: grün.
Ni	k gelbbraun, bei Gegenwart von Co: amethyst	grau (bes. mit $SnCl_2$).
Co	blau	blau.
Mn	amethyst	farblos.
Cr	grün	grün.
U	gelb	h gelb, stark g, k grün.
Cu	h grün, k blau	k farblos; stark g: rot undurchs. (bes. auf Zusatz von $SnCl_2$).
Ti	h gelblich bis farblos k farblos	h gelb | Mit einer Spur Ferrosulfat k violett ∫ blutrot (sehr empfindlich).
W	h schwach gelb k farblos	h schmutziggrün | Mit einer Spur Ferro- k blau ∫ sulfat blutrot.
Mo	h, k farblos	grün.

[1] Wenn mehrere, die Perlen färbende Elemente vorhanden sind, so können natürlich auch Mischfarben entstehen.

V. Verhalten gegen konzentrierte Schwefelsäure.

Versuch:

Gib 2—4 *ccm reine konz. H_2SO_4 in* ein kleines *Reagensrohr und wirf* eine Messerspitze voll *Substanz darauf.* (Wenn sofort eine Gasentwicklung erfolgt, empfiehlt es sich, wegen sicherer Erkennung von N_2O_3, H_2S u. a. den Versuch mit *verd.* Säure zu wiederholen.) Wenn nicht sofort eine Gasentwicklung erfolgt, so erhitze bis zum Siedepunkt der H_2SO_4. Es können entstehen:

Beobachtung:

a) **Farblose Gase oder Dämpfe.**

Geruchlos: O_2, CO, CO_2.
Geruchlos: O_2, CO, CO_2.
Riechend: HCl, HCN, HF, SO_2, H_2S, Essigsäure.

O_2 (glimmender Span): **Superoxyde, Chromate, Permanganate** (Vorsicht!).
CO (brennt blau): **Oxalate, komplexe Cyanide** (beide erst beim starken Erhitzen).
CO_2 (trübt einen Tropfen Barytwasser, der, an einem Glasstab hängend, vorsichtig in den oberen Raum des Reagensrohrs (ohne die Wände zu berühren) eingeführt wird: **Carbonate** (Kälte), **Oxalate** (stark erhitzen). NB. Die meisten Carbonate entwickeln schon mit verd. Salzsäure, evtl. beim Erwärmen CO_2.
HCl (erstickend riechend, an Luft rauchend): **Chloride** (Kälte); *gib Braunstein*[1] *und mehr Substanz zu und erwärme:* **Chlorgeruch.**
HF (stechend riechend, an der Luft rauchend): **Fluoride;** *mische SiO_2 (Sand) zu, erhitze und halte Tropfen Wasser am Glasstab über die Dämpfe:* Trübung des Wassertropfens[2].
HCN (nach bitteren Mandeln riechend): **Cyanide.** Deutlicher mit verd. Salzsäure.
SO_2 (nach brennendem Schwefel riechend): **Sulfite, Thiosulfate** (letztere unter gleichzeitiger Abscheidung von S). Auch mit verd. Salzsäure beim Erhitzen entwickelt sich hier SO_2.
H_2S (nach faulen Eiern riechend, feuchtes Bleipapier schwärzend): **Sulfide.**
NB. Bei Gegenwart reduzierender Substanzen können die SO_2 und H_2S auch von der konz. H_2SO_4 herrühren. Bei solchem Verdacht wiederholt man den Versuch mit Salzsäure.
Essigsäure: *Setze Alkohol zu und koche:* Geruch nach Essigester: **Acetate.**

b) **Farbige Gase oder Dämpfe.**

Gelbbraun rauchend: Br (+ HBr) aus **Bromiden.** *Setze Braunstein zu und erwärme.* Stärke, am feuchten Ende eines Glasstabes eingeführt, wird gelb (Unterschied von N_2O_3 und NO_2).
Rot bis **rotbraun:** N_2O_3 und NO_2 aus **Nitriten** und **Nitraten** (bei letzteren erst nach starkem Erhitzen; Nitrite geben sofort rote Dämpfe, die aber sehr rasch von der konz. H_2SO_4 absorbiert werden, wiederhole daher den Versuch mit **verd.** Säure).

---

[1] Oder anderes Superoxyd.   [2] Besser noch ist die Ätzprobe S. 11 unten.

CrO_2Cl_2, sich rasch oben zu Tropfen kondensierend: Chromate bei Gegenwart mancher Chloride (färbt Stärke ebenfalls gelb).
Gelb knatternd, evtl. explodierend: **ClO_2** aus Chloraten (Vorsicht!).
Gelbgrün: Cl_2 aus Chloriden bei Gegenwart von Oxydationsmitteln. Auch aus Hypochloriten mit verd. Salzsäure.
Violett: Jod aus Jodiden.

c) Keine Gase oder Dämpfe.

Setze absol. *Alkohol zur* Lösung in konz. H_2SO_4, *gieße auf ein Uhrglas und zünde an: grün gesäumte Flamme:* **Borsäure.**

NB. Manche Säuren, wie Oxalsäure, HNO_3, $H_4[Fe(CN)_6]$, reagieren erst beim **starken Erhitzen** mit der konz. H_2SO_4, Halogenide, Carbonate, Sulfite, Nitrite u. a. dagegen momentan in der Kälte. Man kann durch gelindes Erwärmen oft die Säuren der letzteren vertreiben und durch starkes Erhitzen dann noch die ersteren Säuren nachweisen[1].

Der nasse Weg.
A. Prüfung auf Metalle (Kationen).

Auflösung und Aufschließung der Substanz. Bevor man zur Auflösung der Substanz schreitet, ist es zweckmäßig, zu wissen, ob die Substanz Ferro-Ferricyanwasserstoffsäure, Flußsäure, Kieselsäure und auch Borsäure enthält. Hat man sie bei den Vorproben nicht oder nicht mit Sicherheit feststellen können, so ist es empfehlenswert, noch besonders darauf zu prüfen, weil sonst unliebsame Störungen im Analysengang vorkommen können.

Prüfung auf Ferro- und Ferricyanwasserstoffsäure: *Man kocht* eine Messerspitze voll *Substanz* einige Minuten *mit Natronlauge* oder Sodalösung, *filtriert, säuert an* und *teilt die Flüssigkeit in zwei Teile. Zum einen gibt man Eisenchlorid, zum anderen Eisenvitriollösung.* Ein *tiefblauer Niederschlag* im einen oder in beiden Fällen deutet auf Anwesenheit komplexer Cyansäuren. — Ist Ferro- oder Ferricyanwasserstoff vorhanden, so muß man sie mit konz. H_2SO_4 zerstören, um

---
[1] So fand Herr Kratzer, daß man mit 0,1 g eines Gemisches von 0,9 g NaCl und 1 g kryst. Oxalsäure nach Vertreibung der HCl durch gelindes Erwärmen die Oxalsäure durch starkes Erhitzen leicht durch die CO-Flamme nachweisen kann. 0,05—0,1 g einer Mischung von 0,9 g NaCl und 0,3 g Oxalsäure analog behandelt, lassen die Anwesenheit der Oxalsäure durch die heftige Gasentwicklung und CO_2-Nachweis noch deutlich erkennen.

0,1—0,2 g einer Mischung von 1,1 g Na_2CO_3 und 0,25 g KNO_3 gaben nach der Austreibung der CO_2 durch starkes Erhitzen noch deutlich rote Dämpfe.

Auch Essigsäure läßt sich neben HCl analog leicht nachweisen.

die Analyse auf nassem Wege sachgemäß durchführen zu können: *Man gibt die* zur Analyse notwendige *Substanz*menge *in* eine *Porzellanschale, setzt konz. Schwefelsäure tropfenweise zu,* bis die Substanz gerade durchfeuchtet ist, *erwärmt* erst gelinde, dann stärker *und raucht die Schwefelsäure* auf dem Sand- oder Luftbade *ab. Den Rückstand erhitzt man mit konz. Salzsäure, verdünnt* mit heißem Wasser, *kocht, filtriert* und hat nun eine zur Analyse passende Lösung (ein evtl. verbleibender Rückstand muß, wie unten angegeben, untersucht werden).

Prüfung auf Flußsäure[1]: Ätzprobe: *Man überzieht ein Uhrglas durch vorsichtiges Erwärmen und Überstreichen mit Wachs mit einer dünnen Wachsschicht* und *schreibt* nach dem Erkalten des Wachses einen *Buchstaben* oder ein Zeichen *in das Wachs* auf das Glas. Das so vorgerichtete *Uhrglas decke man auf* einen *Platintiegel*[2], *in dem die Substanz* (etwa 0,1 g) *mit 1 Tropfen Wasser und etwa 1 ccm konz. H_2SO_4 übergossen wurde.* Man *erhitzt* den Boden des Tiegels *gelinde* (damit das Wachs nicht schmilzt) *und lasse 10—15 Min. stehen.* Nun *nehme* man das *Uhrglas ab, erwärme* es und *wische mit Filtrierpapier das verflüssigte Wachs ab.* Zeigen sich die Buchstaben oder Zeichen auf dem Glas, so ist Fluorwasserstoff vorhanden.

Eine andere Probe besteht darin, daß man etwa 0,1 g fein gepulv. Subst. mit 0,5 g Quarzmehl und ca. 1 ccm konz. H_2SO_4 zu einem Brei verrührt, mit Uhrglas bedeckt, an dessen nach innen gerichteter Seite ein Tropfen Wasser hängt. Nach dem Erwärmen des Tiegelbodens trübt sich der Wassertropfen, wenn Fluor vorhanden ist.

NB. Meist genügt es auch, die Substanz (2—3 Messerspitzen voll) in einem unten völlig durchsichtigen Reagensrohr mit konz. H_2SO_4 zu erhitzen, 10—15 Min. lang stehen zu lassen und dann das Reagensrohr auszuspülen und zu trocknen. Ist es an der Stelle geätzt, wo sich die Reaktionsmischung befand, so enthält die Substanz Fluorwasserstoff.

Um das Fluor zu entfernen, *verrührt* man die zur Analyse dienende Menge *mit konz. H_2SO_4 in* einem *Platintiegel, erhitzt* erst gelinde, bis sich kein Gas mehr entwickelt, *und raucht* dann die Schwefelsäure *ab* (Abzug). Den *Rückstand nimmt man mit etwas konz. Salzsäure auf, verdünnt* mit Wasser, *kocht* und *filtriert.* Die so erhaltene Lösung kann direkt zur Analyse auf nassem Wege dienen.

Prüfung auf Kieselsäure: Ein Körnchen Substanz in der Phosphorsalzperle erhitzt, gibt ein Skelet, wenn Kieselsäure vorhanden ist. Wenn diese Probe bei pulverförmiger Substanz versagt oder undeutlich ist, so *mischt man* etwa 0,1 g *Substanz mit ca. 0,2 g CaF_2 in* einem schmalen *Platintiegel, gibt* einige Kubikzentimeter *konz.*

---

[1] Vorprobe mit konz. H_2SO_4 S. 9.
[2] Oder Bleitiegel, bei beiden am besten schmale, fingerhutartige Form, etwa 1 mal 2,5 ccm. Nach Gebrauch ist der Bleitiegel durch Ausreiben gut zu säubern.

H_2SO_4 *zu*, *erwärmt* gelinde, *während man* einen *Wassertropfen* an einem Glasstabe oder besser am Tiegeldeckel *über die Flüssigkeit hält*. Trübt sich der Tropfen, so ist SiO_2 anwesend.

Zur Entfernung der Kieselsäure *übergießt* man die *Substanz* in einem Platintiegel *mit* überschüssiger *Fluorwasserstoffsäure, gibt* wenige Tropfen *konz. Schwefelsäure zu, dampft* erst auf dem Wasserbade *ein* und *raucht* dann die Schwefelsäure *ab*. Den *Rückstand nimmt man mit konz. Salzsäure* auf, *verdünnt* mit Wasser, *kocht* und *filtriert*. Die Lösung dient zur Analyse (ein Rückstand muß, wie unten angegeben, untersucht werden).

Prüfung auf Borsäure: a) *Man mische* eine Probe *Substanz* im Reagensrohr innig *mit konz.* H_2SO_4, *erwärme* gelinde, *gebe* einige Kubikzentimeter *Methyl- oder Äthylalkohol zu*, koche und *zünde an:* eine *grün gesäumte Flamme* deutet auf *Borsäure*. Durch öfteres Eindampfen der schwefelsauren Flüssigkeit mit Alkohol kann man die Borsäure verflüchtigen. Wenn sie in größerer Menge vorhanden ist, scheidet sich die Hauptmenge der Borsäure beim Abkühlen der Lösung fest ab und kann abfiltriert werden.

Oxalsäure und Phosphorsäure, die ebenfalls den Gang der Analyse störend beeinflussen, werden später (s. S. 19 und 20) entfernt.

Organische Substanzen müssen vor der Auflösung zerstört werden durch offenes Glühen der Substanz oder durch Oxydation derselben mit roter rauchender HNO_3, $KClO_3$ + HCl u. a., weil organische Substanzen mit Fe, Cr, Al komplexe Verbindungen geben, die durch $(NH_4)_2S$ nicht gefällt werden. —

Um die Zerlegung einer Substanz in ihre metallischen Bestandteile auf nassem Wege durchzuführen, muß man die *Substanz in Lösung* bringen. Zu diesem Zweck macht man zuerst wieder **Vorversuche:** *Man erhitzt* kleine Mengen *Substanz* im Reagensrohr einige Minuten lang, evtl. unter Ersatz des verdampfenden Wassers *mit* folgenden Lösungsmitteln: 1. *Wasser* (einige Kubikzentimeter), löst sie sich darin nicht oder nicht völlig, so gibt man 2. zu dieser Mischung von Substanz und Wasser erst wenig, dann mehr *konz. Salzsäure* zu und kocht weiter. Analog verfährt man 3. mit *Salpetersäure*, und wenn auch darin keine völlige Lösung zu bewirken ist, so erhitzt man 4. mit *Königswasser* (Gemisch von 1 Tl. konz. HNO_3 und 3 Tln. konz. Salzsäure). Hat man ein Lösungsmittel für die Substanz gefunden, so löst man die für die Analyse notwendige Menge (der Geübte kommt mit höchstens 0,1 g völlig aus, der Anfänger nimmt zweckmäßig etwas mehr) darin auf und verfährt nach S. 15ff.

Löst sich eine Substanz nicht oder nur teilweise in den genannten Lösungsmitteln, so hat man im letzteren Falle zwei Analysen, die des löslichen Teils, S. 15ff., und die des unlöslichen Teils, auszuführen, oder man muß die ganze Substanz aufschließen.

Prüfung auf Metalle. 13

Unlöslich in Königswasser sind folgende Verbindungen (in dieser Reihenfolge leicht zu merken):
Halogenide: **AgCl, AgBr, AgJ, (AgCN); CaF$_2$**.
Sulfate und Chromate: **SrSO$_4$** (nicht völlig unlöslich), **BaSO$_4$; PbSO$_4$** (nicht völlig unlöslich); geglühtes **PbCrO$_4$**.
Sesquioxyde: stark geglühtes **Fe$_2$O$_3$, Cr$_2$O$_3$, Al$_2$O$_3$; Cr$_2$O$_3$·FeO** (Chromeisenstein).
Dioxyde: **SiO$_2$** (und viele Silicate); **SnO$_2$**.
Komplexe Cyanide wie Cu$_2$[Fe(CN)$_6$]; Fe$_4$[Fe(CN)$_6$]$_3$ (Berlinerblau) u. a.
Elemente: roter **P, S** (brennen); **Si, B, C** (verglimmen beim Erhitzen).

Um festzustellen, welche dieser Körper im unlöslichen Rückstand vorhanden sind, macht man mit dem Unlöslichen folgende Vorversuche:

1. Erhitzen am Pt-Draht oder MgO-Stäbchen (am besten erst einige Zeit in der Reduktions-, dann in der Oxydationsflamme, evtl. nach vorherigem Anfeuchten mit Salzsäure): Sr (rote Flamme), Ba (fahlgrüne Flamme), P, S, C usw. (verbrennen resp. verglimmen).
2. Kohle-Sodastäbchen: S (Heparr.); Ag, Pb, Sn.
3. Phosphorsalzperle: SiO$_2$ (Silicate); Cr, Fe.
4. Konz. H$_2$SO$_4$: F, CN als HCN und CO.
5. Prüfung auf komplexe Cyanide: Man kocht eine Probe des „Unlöslichen" einige Zeit mit verd. Natronlauge, filtriert, säuert an und verfährt, wie oben S. 10 angegeben.

Nachdem man so festgestellt hat, welche obiger Verbindungen im „Unlöslichen" vorhanden sind, kann man sie nötigenfalls **folgendermaßen aufschließen:**

AgCl, AgBr, AgJ {
entweder: durch *Zusammenschmelzen mit der ca. vierfachen Menge trockener Soda. Zieht* man die *Schmelze* nach dem Erkalten *mit Wasser aus,* so geht Na-Halogenid mit überschüssiger Soda in Lösung, während met. *Ag* zurückbleibt, das sich *in HNO$_3$ auflöst,*
oder: *durch Schütteln mit Zn + verd. H$_2$SO$_4$,* wobei *Halogenwasserstoff in Lösung* geht und met. *Ag* sich flockig *abscheidet,* das sich in HNO$_3$ leicht auflöst.
}

CaF$_2$: durch *Mischen mit 2—3 ccm konz. H$_2$SO$_4$,* gelindem *Erhitzen und* darauf folgendem *Abrauchen* der Schwefelsäure.

SrSO$_4$, BaSO$_4$, PbSO$_4$ {
durch *Schmelzen mit der etwa 4 fachen Menge trockener Soda* und *Ausziehen mit Wasser* nach dem Erkalten. Die zurückbleibenden *Carbonate lösen sich in Säuren* auf.
NB. *PbSO$_4$ löst sich* im Gegensatz zu *SrSO$_4$* und *BaSO$_4$ in einer mit überschüssigem Ammoniak versetzten Lösung von Weinsäure* (sog. basisch weinsaur. Ammonium) auf.
}

mit Salzsäure . . **Gruppe I:** AgCl, HgCl, PbCl$_2$, (TlCl).

mit H$_2$S in saurer Lösung . . . . } **Gruppe II:** { HgS, PbS, Bi$_2$S$_3$, CuS, CdS; (PdS, Rh$_2$S$_3$, OsS$_2$, RuS$_2$) unlöslich in gelbem Schwefelammonium. As$_2$S$_3$, Sb$_2$S$_3$, Sb$_2$S$_5$, SnS, SnS$_2$ (Au$_2$S$_2$ +Au, PtS$_2$, MoS$_2$) löslich in gelbem Schwefelammonium.

mit (NH$_4$)$_2$S in ammoniakalischer Flüssigkeit . . . } **Gruppe III:** { CoS, NiS, FeS, MnS, ZnS; (Tl$_2$S) Cr(OH)$_3$, Al(OH)$_3$[Ti(OH)$_4$, Th(OH)$_4$, seltene Erden als Hydroxyde].

mit (NH$_4$)$_2$CO$_3$ . . **Gruppe IV:** CaCO$_3$, SrCO$_3$, BaCO$_3$.

Nicht gefällt werden durch die Gruppenreagenzien (bei Gegenwart von Ammonsalzen): Mg, K, Na. Sie finden sich also im Filtrat des Ammoniumcarbonatniederschlages.

Gruppe I (Salzsäuregruppe).

Man versetzt die erwärmte Lösung der Substanz in Wasser oder Salpetersäure so lange *mit verdünnter Salzsäure*, als noch ein Niederschlag (oder eine Trübung) entsteht. Man *filtriert* ihn und *wäscht* ihn *mit wenig kaltem Wasser* (etwa 1 Filter voll) *aus:*

Niederschlag (I): AgCl + HgCl + PbCl$_2$. Man wäscht ihn *von neuem auf dem Filter so lange mit kochend heißem Wasser aus, bis das Filtrat mit Schwefelsäure* und Alkohol *keine Fällung mehr gibt:*

Rückstand (II): AgCl + HgCl *wird* auf dem Filter *mit verd. Ammoniak übergossen* und dies Ammoniak nach dem Durchlaufen mehrfach wieder aufgegossen.

Schwarzer Rückstand (III):

Hg + Hg$<$NH$_2$ / Cl .

Charakterist. durch seine schwarze Farbe. Evtl. trockene eine *Probe* auf einer porösen Tonscherbe, *mische mit Soda + KCN im Glühröhrchen, erhitze* erst vorsichtig unter Entfernung des Wassers und dann stärker: *Metallspiegel*, der sich zu Tröpfchen zusammenrollen läßt: *Hg*.

Filtrat (III): [Ag(NH$_3$)$_2$]˙ *gibt beim Ansäuern mit verd. HNO$_3$* weißes AgCl.

Filtrat (II): PbCl$_2$ resp. Pb˙˙. PbCl$_2$ krystallisiert beim Eineng en in weißen Nadeln aus. Die Lösung gibt:
1. *mit K$_2$Cr$_2$O$_7$ gelbes PbCrO$_4$ unlöslich in Essigsäure.*
2. *Mit verdünnter H$_2$SO$_4$ weißes PbSO$_4$, löslich in Natronlauge und einer Lösung von Weinsäure im überschüssigen Ammoniak.*

Filtrat (I) *wird eingedampft, mit Salzsäure aufgenommen und nach S. 17 mit H$_2$S behandelt.*

Gruppe II (Schwefelwasserstoffgruppe) (Theorie der H_2S-Fällung s. S. 41 f.)

Das *Filtrat (I)* von Gruppe I oder die Lösung der ursprünglichen Substanz in Salzsäure oder Königswasser *wird so weit verdünnt, daß* die Gesamtlösung *nicht mehr als 3 Prozent Säure enthält*[1]. Sollte sich dabei ein weißer Niederschlag abscheiden (basisches Sb- oder Bi-Salz), so schadet das nichts. Dann wird *zum Kochen erhitzt und etwa* $1/4$ Stunde lang *Schwefelwasserstoff* in langsamem Strome *eingeleitet*[2]. Nun *filtriert* man den Niederschlag ab, *verdünnt das Filtrat* mit etwa der Hälfte seines Volumens Wasser, *erhitzt* wieder zum Sieden *und leitet von neuem* etwa $1/4$ Stunde H_2S *ein*. Entsteht noch ein Niederschlag, so kommt er zum ersten dazu. Das Filtrat wird nach S. 19 oder 21 weiterbehandelt.

Der Schwefelwasserstoffniederschlag kann enthalten: **HgS, PbS, Bi_2S_3, CuS, CdS; As_2S_3, Sb_2S_3, Sb_2S_5, SnS, SnS_2.** Er *wird* mit Wasser *ausgewaschen und* dann öfters *mit* der gleichen Portion *warmem gelbem Schwefelammonium*[3] *behandelt*, das man 3—4mal immer wieder auf das Filter gießt und durchlaufen läßt. Zuletzt gießt man noch einigemal eine Portion frisches Schwefelammonium über den Niederschlag auf dem Filter:

Rückstand (I): HgS, PbS, Bi_2S_3, CuS, CdS *wird* mit 50—100 ccm Wasser, dem etwas Schwefelammonium zugesetzt ist, *ausgewaschen*, in eine Porzellanschale abgeklatscht *und* dann *mit* etwa 5—10 ccm eines *Gemisches* von *1 Tl. konz. HNO_3 und 1 Tl. Wasser* einige Minuten lang *gekocht, filtriert* und *ausgewaschen*:	**Filtrat (I)** enthält $(NH_4)_3SbS_4$, $(NH_4)_3AsS_4$, $(NH_4)_2SnS_3$. Man *verdünnt* es mit dem gleichen bis doppelten Volumen Wasser und *säuert* mit verdünnter H_2SO_4 (Abzug) *an*. Es fallen nieder: As_2S_5, Sb_2S_5 und SnS_2[4], die man nach einigem Stehen *abfiltriert* und *auswäscht*.

1. Prüfung auf Sn. *Man stellt sich eine Phosphorsalzperle her* und *färbt sie durch* Erhitzen mit wenig *Cu-Salz schwach grünblau*. Dann *bringt man etwas des Sulfidgemisches* (nicht zu wenig) *daran* und *erhitzt* nach dem Abbrennen des Schwefels in der Reduktionsflamme. Ist Sn vorhanden, so wird die Perle bald nach dem Herausnehmen aus der Flamme rot.

2. Prüfung aus As und Sb. *Man erzeugt* auf einer beiderseits glasierten Porzellanschale einen *Oxydbeschlag*, bestreicht ihn mit 2—3 Tropfen *Silbernitratlösung* und *hält* die befeuchtete Stelle kurze Zeit *über eine geöffnete Flasche* mit *konz. NH_3: Schwarze Ausscheidung (Ag): Sb; Gelbfärbung Ag_3AsO_3* deutet auf As. Bei überschüssigem NH_3 verschwindet die gelbe Färbung.

---

[1] Weil aus stärker saurer Lösung bes. CdS und auch PbS nicht oder nicht völlig durch H_2S ausgefällt wird.

[2] Wenn man nur kleine Mengen Substanz verwendet hat, so ist es zweckmäßig statt H_2S einzuleiten, die unverdünnte Lösung der Substanz so lange mit frisch gesättigtem Schwefelwasserstoffwasser zu versetzen, als noch ein Niederschlag entsteht.

[3] Farbloses Schwefelammonium kann SnS nicht zu $(NH_4)_2SnS_3$ auflösen. — CuS wird von Schwefelammonium teilweise gelöst. Ist viel Kupfer vorhanden, so kann man statt Schwefelammonium eine Lösung von Schwefelkalium verwenden, das aber HgS auch auflöst.

[4] Rasch kann man entscheiden, ob Sn, As und Sb vorhanden sind, durch folgende Proben:

Rückstand (II): $HgS + S$ + evtl. etwas $PbSO_4$.

Man trocknet eine Probe des Niederschlags auf einem Stückchen porösen Porzellans (Tonteller), vermischt sie mit wasserfreier Soda, entwässert u. erhitzt dann stark: Quecksilberspiegel, der sich zu Hg-Tröpfchen zusammenkratzen läßt.

Eine andere Probe kocht man mit Königswasser auf ein kleines Volumen ein, verdünnt mit wenig Wasser, filtriert und versetzt das Filtrat mit Zinnchlorürlösung: erst weiße Fällung von HgCl, dann graue Fällung von Hg.

Filtrat (II) enthält $Pb^{..}$, $Bi^{..}$, $Cu^{..}$, $Cd^{..}$. Man versetzt mit 3—5 ccm verdünnter H_2SO_4, kocht auf ein ganz kleines Volumen ein (bis weiße Dämpfe auftreten), nimmt nach Erkalten mit wenig Wasser auf, filtriert und wäscht mit etwas verdünnter H_2SO_4 aus:

Rückstand (III): $PbSO_4$.

Eine Probe wird am Kohle-Sodastäbchen zu Pb (duktiles Metallkorn) reduziert.

Den Rest löst man in basisch weinsaurem Ammonium (Weinsäurelösung mit NH_3 im Überschuß versetzt), filtriert und versetzt mit $K_2Cr_2O_7$-Lösung: gelber Niederschlag von: $PbCrO_4$.

Filtrat (III): $Bi^{..}$, $Cu^{..}$, $Cd^{..}$. Man versetzt mit einem Überschuß von Ammoniak, filtriert und wäscht aus:

Rückstand (IV). Löse in HCl, koche auf ganz kleines Volumen ein und teile in 2 Teile.

Den 1. Teil verdünne mit Wasser. Es fällt weißes $BiOCl$ aus.

Der 2. Teil wird mit einer Mischung von Zinnchlorür und überschüssiger Natronlauge versetzt und erwärmt. Es fällt schwarzes met. Bi nieder.

Filtrat (IV) enthält blaues $[Cu(NH_3)_4]^{..}$ und farbloses $[Cd NH_3)_6^{..}]$. Die blaue Farbe zeigt Cu an. Man bringt sie durch Zusatz von KCN völlig zum Verschwinden (wobei sich farbloses $K_3[Cu(CN)_4]$ bildet). — Wenn auf Zusatz von Ammoniak keine Blaufärbung auftritt, also kein Cu vorhanden ist, so braucht man auch kein KCN zuzusetzen, sondern kann sofort H_2S einleiten. Gelber Niederschlag CdS.

Rückstand: $As_2S_5 + S$. Man kocht ihn samt Filter mit evtl. roter rauchender HNO_3 (bis keine roten Dämpfe mehr entstehen) auf ein kleines Volumen und setzt NH_3 und Mg-Mixtur zu. Es entsteht gleich oder nach kurzer Zeit ein weißer krystallin. Niederschlag von $(NH_4)MgAsO_4 + Aq.$, womit Arsen identifiziert ist.

Lösung: $SbCl_3$, $SnCl_4$. Man kocht sie im Reagensglas auf ein kleines Volumen ein, bringt einige Tropfen auf ein Platinblech und legt ein Stückchen Zink so in die Tropfen, daß es das Platin berührt. Entsteht an der Berührungsstelle ein schwarzer Fleck, so ist Sb vorhanden. Sn scheidet sich in grauen Flocken ab. Man gibt nun das Zink zu der übrigen Flüssigkeitsmenge, wartet, bis es sich aufgelöst hat, verdünnt mit Wasser, filtriert das ausgeschiedene Gemisch von Sb und Sn ab. Man wäscht es aus, kocht es mit konz. Salzsäure und filtriert.

Rückstand: Sb.

Man löst ihn in Königswasser, kocht ein und gibt H_2S-Wasser zu: orangefarbiger Niederschlag von Sb_2S_3.

Lösung: $SnCl_2$.

Gibt auf Zusatz von $HgCl_2$ erst weiße, dann graue Fällung von $HgCl$ resp. Hg.

Gruppe III (Schwefelammoniumniederschlag).
(Theorie der Schwefelammoniumfällung s. S. 42 f.)

Das Filtrat vom Schwefelwasserstoffniederschlag wird auf ein kleineres Volum *eingekocht* und *filtriert*. Davon versetzt man zunächst eine Probe (und, falls ein Niederschlag entsteht, das gesamte Filtrat) nacheinander mit Lösungen von *Chlorammonium*[1], *Ammoniak*[2] (bis alkalisch, Überschuß vermeiden) *und* unbekümmert um die entstandene Fällung mit *Schwefelammonium* so lange, als noch ein Niederschlag entsteht[3]. Man erwärmt gelinde (auf etwa 50—60°), *filtriert und wäscht* mit Wasser *aus*, dem man einige Tropfen Schwefelammonium zugefügt hat (3 mal das Filter vollfüllen und leerlaufen lassen).

Der so entstandene „Schwefelammoniumniederschlag" kann enthalten: CoS, NiS, FeS, UO_2S; MnS, ZnS; $Cr(OH)_3$, $Al(OH)_3$ sowie Phosphate und Oxalate (auch Borate, Fluoride und Kieselfluoride) von Ca, Sr, Sr, Ba. — Das Filtrat davon wird nach S. 24 weiterbehandelt.

Der Schwefelammoniumniederschlag muß nun zunächst auf die Anwesenheit von Phosphorsäure und Oxalsäure geprüft werden. Sind sie nicht vorhanden, so verarbeitet man den Niederschlag gleich nach ✱) (s. S. 21) weiter. Sind sie vorhanden, so müssen sie entfernt werden.

1. **Prüfung auf Phosphorsäure.** *Man nimmt* mit einem Glasstab eine kleine *Probe des Niederschlags* vom Filter, streicht sie in einem Reagensrohr ab und *übergießt sie mit* einigen Kubikzentimetern *verd. HNO_3*. Dann *kocht* man bis kein H_2S mehr zu riechen ist, *filtriert* durch ein kleines Filterchen, *setzt überschüssige Molybdänsäurelösung* (molybdänsaure Ammonium) *zu* und erhitzt: **Allmähliche Abscheidung eines kanariengelben Niederschlags**[4] zeigt Phosphorsäure an. Ist Phosphorsäure anwesend, so muß der Niederschlag von der Phosphorsäure befreit werden, da Ca, Sr, Ba mit ihr verbunden sind.

Entfernung der Phosphorsäure aus dem Schwefelammoniumniederschlag; a) *Man übergießt* den gesamten *Schwefelammoniumniederschlag mit verd. Salpetersäure*, digeriert einige Zeit, *filtriert*, der Rückstand muß, wenn er schwarz ist, auf Ni und Co geprüft werden (s. S. 21), kocht etwas ein *und setzt* etwa 10 ccm konz. HNO_3 zu. In diese Lösung trägt man allmählich (nicht auf einmal) *Zinn* (am besten Stanniol) in Stückchen *unter tüchtigem Verrühren* mit der Flüssigkeit (Abzug) so

---

[1] Um Mg und evtl. vorhandenes Borat in Lösung zu halten.

[2] Das Ammoniak muß frei von Carbonat sein. Durch Ammoniak allein werden gefällt: $Al(OH)_3$, $Cr(OH)_3$, $Fe(OH)_3$ (auch U, Ti, Zr, Be, $Tl(Tl^{III})$), Phosphate, Oxalate, Fluoride der Erdalkalien. Ohne Zusatz von NH_4Cl können außer den genannten auch noch $Mn(OH)_2$, $Fe(OH)_2$, $Mg(OH)_2$ ausfallen.

[3] Überschuß von Schwefelammonium ist zu vermeiden, weil sich NiS etwas darin löst resp. kolloidal wird. In diesem Fall ist das Filtrat braun gefärbt (bei Gegenwart von Cr oft rot). Man koche es dann mit Ammonacetat (Ammoniak + Essigsäure), bis sich NiS in Flocken abscheidet, und filtriert davon ab.

[4] Grün- oder Blaufärbung rührt nicht von Phosphorsäure her. Evtl. Filtrieren und sehen, ob der Niederschlag gelb ist.

lange ein, *bis eine Probe der Flüssigkeit mit Ammonmolybdat keine Gelbfärbung mehr gibt.* Je nach der Menge Phosphorsäure trägt man 1—3 g Zinn ein und gibt noch konz. HNO_3 zu, falls das Zinn nicht mehr angegriffen wird. Das Zinn verwandelt sich dabei in unlösliche Zinnsäure, die Phosphorsäure mitreißt. Man *dampft* nun *bis zum Breiigwerden der Masse* (nicht zur Trockne!) ein, *rührt 50—100 ccm Wasser zu*, füllt in ein hohes Gefäß (Meßzylinder) um, *läßt absitzen und gießt* dann vom Zinniederschlag *ab*. *Das Abgegossene wird* aufgekocht, *filtriert*, heiß ausgewaschen und *in die heiße Flüssigkeit Schwefelwasserstoff eingeleitet*, um Verunreinigungen des Zinns zu entfernen. Das *Filtrat* vom entstandenen Niederschlag *wird* erst mit Ammoniak alkalisch gemacht und dann *mit Schwefelammonium versetzt*. Es fallen nieder CoS, NiS, FeS, MnS, ZnS, $Cr(OH)_3$, $Al(OH)_3$, während Ca, Sr, Ba in der Lösung bleiben. Der Niederschlag wird nach ✲ S. 21, das Filtrat nach S. 24 weiterverarbeitet.

b) Andere Methode, die Phosphorsäure zu entfernen: Man digeriert den Schwefelammoniumniederschlag mit verd. Salzsäure, filtriert von unlöslichem CoS und NiS ab, oxydiert das Filtrat mit Salpetersäure durch Einkochen und prüft einen Tropfen mit Rhodankalium auf Eisen.

Der übrige Teil der Lösung wird etwas verdünnt, mit Soda neutralisiert und dann mit essigsaurem Natrium und Eisenchlorid versetzt, bis die Flüssigkeit rot erscheint. Dann wird einige Minuten gekocht, bis der entstehende Niederschlag sich gut von der Flüssigkeit trennt. Die Phosphorsäure befindet sich dann zusammen mit Eisen, Aluminium und Chrom im Niederschlag. Man kocht diesen Niederschlag mit Natronlauge, verdünnt und filtriert. Dies Filtrat wird wieder mit Schwefelammonium gefällt und nach ✲) auf S. 21—22 oben weiterbehandelt. Es befinden sich auf dem Filter $Fe(OH)_3$ und $Cr(OH)_3$, die man durch Schmelzen mit Soda und Salpeter trennen kann. Die von Na_2CrO_4 gelbe Schmelze hinterläßt beim Lösen in Wasser Fe_2O_3. Das Filtrat von $Fe(OH)_3 + Cr(OH)_3$ wird angesäuert und mit Ammoniak gefällt, wobei evtl. vorhandenes $Al(OH)_3$ ausfällt.

2. Prüfung auf Oxalsäure. *Man nimmt* mit einem Glasstab eine etwas größere *Probe* in ein Reagensrohr, *löst in* möglichst wenig *Salzsäure, kocht auf, filtriert* und *gibt überschüssige Sodalösung* zu, um wieder zu *kochen* (einige Minuten) und zu *filtrieren. Das heiße Filtrat wird mit Essigsäure angesäuert und* mit einigen Tropfen *Chlorcalciumlösung versetzt:*

Ein weißer, gleich oder nach kurzer Zeit entstehender Niederschlag (CaC_2O_4) deutet auf Oxalsäure. Ist sie anwesend, so muß sie entfernt werden.

Entfernung der Oxalsäure aus dem Schwefelammoniumniederschlag: *Man digeriert* den gesamten *Schwefelammoniumniederschlag mit verd. Salzsäure, kocht ein* und bringt, falls nicht alles in Lösung geht, den Niederschlag (CoS, NiS) nach Zusatz einiger Tropfen konz. HNO_3 durch Kochen in Lösung. *Nach starkem Eindampfen gibt man überschüssige Sodalösung zu, kocht* mindestens 5 Minuten lang, *filtriert* heiß und *wäscht* den Niederschlag *gut* mit *heißem* Wasser *aus*. Er ist dann frei von Oxalsäure, wird *in Salzsäure gelöst mit* Ammoniak und *Schwefelammonium* wieder *gefällt* und nach ✲) (S. 21) weiterbehandelt.

Das Filtrat von diesem letzten Niederschlag wird auf Ca, Sr, Ba geprüft (s. S. 24).

Der Gang des nassen Weges.

✱) Den (phosphorsäure- und oxalsäurefreien) Schwefelammoniumniederschlag übergießt man sofort mit kalter verd. Salzsäure (5%) und schüttelt ihn so lange damit, als sich noch etwas auflöst:

Rückstand (I): CoS, NiS. Nach dem Auswaschen macht man zuerst eine *Boraxperle*. Wird sie durch den Niederschlag blau, so ist Co nachgewiesen. Ist kein Co vorhanden, sondern Ni, so tritt eine gelb- bis braunrote Farbe in der Oxydations-, eine graue Farbe in der Reduktionsflamme auf. Zum Nachweis von Co und Ni auf nassem Wege kocht man den Niederschlag mit einigen ccm konz. HCl, der einige Tropfen konz. HNO_3 zugesetzt sind, stark ein, verdünnt mit wenig Wasser u. filtriert. Das Filtrat teilt man in mehrere Teile und macht folgende Proben:

Lösung (I): Fe··, (UO$_2$)··, Mn··, Zn··, Cr···, Al···. Man erhitzt sie, hält kurze Zeit im Sieden, *filtriert* ev., setzt wenig (1—2 ccm) *konz. HNO_3 zu* und *kocht* auf ein kleines Volumen ein. Diese Lösung heiße **Urlösung**. Gewöhnlich trennt man nach der Natronlauge-Wasserstoffsuperoxydmethode (A), führt sie nicht befriedigend zum Ziel, so benutzt man die Bariumcarbonatmethode (B) oder nach dem H_2O_2. Ist Uran vorhanden, so führt man eine Trennung mit Natronlauge allein durch (ohne H_2O_2), die unter B angegeben ist.

A. Die Natronlauge-Wasserstoffsuperoxydmethode. *Die obige, auf wenige ccm eingekochte Säurelösung versetzt man unter Umrühren mit so viel konz. reiner Natronlauge (20 proz., am besten frisch bereitet), daß die Flüssigkeit stark alkalisch reagiert*. Dazu gibt man, sofort ca. 10 ccm 3 proz. Wasserstoffsuperoxydlösung, erhitzt zum Sieden und filtriert:

Niederschlag (II): $Fe(OH)_3 + Mn(OH)_2$ [oft kleine Mengen von $Ni(OH)_3$]. Man kann eine *Probe* entweder: nach dem Auswaschen auf einem Stückchen eines unglasierten Tontellers trocknen und *mit der 3 fachen Menge eines Gemisches von 1 Tl. Soda und 3 Tln. Salpeter auf einem Porzellantiegeldeckel schmelzen*; blaugrüne Schmelze (Na_2MnO_4) deutet auf Mn. Löst man die Schmelze in heißem Wasser, so bleibt Fe_2O_3 zurück. — Oder: Man kann den *Niederschlag in Salzsäure lösen, die Lösung einkochen und mit Chlorammonium und Ammoniak versetzen*.

Lösung (II) wird kalt mit Salzsäure angesäuert, dann mit Ammoniak versetzt, aufgekocht und filtriert.

Niederschlag (IIa): $Al(OH)_3$ *wird* nach dem Trocknen *auf Kohle mit Kobaltsolution als Thénards Blau identifiziert*. Oder: *Morin* resp. Morin-Gerbsäure in alkoholischer Lösung zu einer neutralen Lösung eines Al-Salzes gesetzt gibt grüne Fluorescenz. Oder Versetze die schwach saure Lösung mit einer 0,1 proz. wässr. Lösung von aliza-

Lösung (IIa): $[Zn(NH_3)_6]$·· kocht mit überschüssiger Sodalösung stark ein.

Niederschlag (IIb) bas. $ZnCO_3$. Man *glüht* den *Niederschlag mit Kobaltlösung auf Kohle od. verkohlt das Filter unter Zusatz von $Co(NO_3)_2$-Lösung*: Rinmans Grün charakterisiert Zn. Man kann auch das bas. $ZnCO_3$ in etwas verd. Salzsäure lösen u. $K_4[Fe(CN)_6]$-Lösung

Lösung (IIb) gelb: CrO_4''. Man *säuert mit Essigsäure an* und *gibt BaCl$_2$ zu*: gelbes $BaCrO_4$ deutet auf Cr. Sehr charakteristisch ist auch die Überchromsäurereaktion. Man versetzt die alkalische Lösung mit H_2O_2, überschichtet mit Äther, säuert mit verd. H_2SO_4 an und

Lösung (III): Mn·· . Man gibt $(NH_4)_2S$ zu: Fleischfarbiges MnS. (Wenn Ni zugegen, ist dieser Niederschlag oft dunkel. Man schmilzt

Niederschlag (III): $Fe(OH)_3$. Man löst ihn *in HCl* und *gibt Ferrocyankalium zu*: Berlinerblaubildung charakterisiert Fe^{III}.

1. Auf Co: Man neutralisiert eine Probe mit NaOH, säuert mit Essigsäure stark an, setzt konz. KNO_2-Lösung zu und läßt einige Zeit stehen: gelber Niederschlag von $K_3[Co(NO_2)_6]$ zeigt Co an.

2. Auf Ni: Eine zweite Probe versetzt man mit überschüss. NH_3 und trägt unter Umschütteln entweder festes *Dimethylglyoxim*, auch *Diacetyldioxim* genannt (Tschugaeffs Reagens), ein oder man setzt eine alkoholische Lösung dieses Reagens zu: Ein roter Niederschlag zeigt Ni an.

NB. Bei Anwesenheit von viel Co filtriert man. Das rote Ni-Salz ist dann auf dem weißen Filter leicht zu erkennen.

ihn dann mit Soda und Salpeter: blaugrüne Schmelze zeigt Mn an.)

Rückstand: $Fe(OH)_3$, $Cr(OH)_3$. Man trocknet eine Probe und schmilzt sie mit Soda und Salpeter: Gelbe Farbe der Schmelze zeigt Chrom an. Man löst in Wasser und prüft mit $Ba^{\cdot\cdot}$ auf CrO_4''. Ungelöst im Wasser bleibt rotes Fe_2O_3.

Lösung: $(NH_4)_4[UO_2(CO_3)_3]$. Man säuert an und setzt Ferrocyankaliumlösung zu: *brauner* Niederschlag oder ebensolche Färbung zeigen $(UO_2)_2K_2[Fe(CN)_6]$ resp. $(UO_2)_2[Fe(CN)_6]$ an.

rinsulfosaurem Na (Kahlb.), setze NH_3 zu, bis die Farbe dunkelrot ist und säure mit Essigsäure an: Rote Flocken des Al-Farblacks.

B. Falls **Uran** anwesend ist, bilden sich beim Zusatz von Natronlauge und Wasserstoffsuperoxyd wasserlösliche Peruranate. *Bei Anwesenheit von Uran fällt man darum die Urlösung mit Natronlauge allein:*

Niederschlag: $Fe(OH)_3$, $Cr(OH)_3$, $Na_2U_2O_7$, $Mn(OH)_2$, Spuren von NiS. Der ausgewaschene Niederschlag wird in wenig konz. Salzsäure gelöst, die Lösung einige Minuten im Sieden erhalten, mit wenig Wasser verdünnt, ein mehrfaches Volumen Chlorammonlösung zugesetzt, die Flüssigkeit heiß mit Ammoniak gefällt und sofort filtriert:

Rückstand: $Fe(OH)_3$, $Cr(OH)_3$, $(NH_4)_2U_2O_7$. Dieser Niederschlag wird in möglichst wenig konz. Salzsäure gelöst, *viel* Ammoncarbonatlösung zugegeben und nach dem Erhitzen bis nahe dem Siedepunkt, mit wenig Ammoniak versetzt:

Lösung: $Mn^{\cdot\cdot}$ und Spuren von $Ni^{\cdot\cdot}$. Falls Ni anwesend ist, gibt man einige Tropfen Cyankaliumlösung und dann Schwefelammonium zu: Fleischfarbiger Niederschlag von MnS.

zugegeben: weißer Niederschlag deutet auf Zn (wenn Mn abwesend ist).

Lösung: $Al(ONa)_3$, $Zn(ONa)_2$. Man säuert mit Salzsäure an und gibt Ammoniak im Überschuß zu:

Niederschlag: $Al(OH)_3$. Identifizierung wie oben.

schüttelt. Der Äther färbt sich bei Anwesenheit von Cr blau.

Lösung: $[Zn(NH_3)_4]^{\cdot\cdot}$. Säure mit Essigsäure an und leite H_2S ein: Weißer Niederschlag deutet auf ZnS.

Der Gang des nassen Weges.

C. **Bariumcarbonatmethode**[1]. *Man* verdünnt die **„Urlösung**, etwas, *versetzt vorsichtig* bei Zimmertemperatur erst *mit* festem kryst. Na_2CO_3, dann mit Sodalösung, *bis der zuletzt entstehende Niederschlag beim Umrühren nur noch langsam verschwindet. Dann gibt* man *bei Zimmertemperatur* (nicht heiß) *fein mit Wasser zerriebenes* $BaCO_3$ *so lange in kleinen Portionen zu, bis es unverändert am Boden liegen bleibt, läßt* 10—15 Minuten unter öfterem Umschütteln stehen, *filtriert* ab *und wäscht* den Niederschlag gut aus.

Niederschlag (I): $Fe(OH)_3 + (Ba_2[UO_2(CO_3)_3])^2 + Al(OH)_3 + Cr(OH)_3$ + $BaCO_3$. *Man* löst *ihn nach dem Auswaschen in HCl*, erhitzt zum Kochen und setzt *so lange verd.* H_2SO_4 *zu, als noch* $BaSO_4$ *ausfällt*. Davon *filtriert* man ab, *kocht ein und versetzt mit* $NaOH + H_2O_2$ im Überschuß:		Lösung (I): Mn‥, Zn‥, Ba‥. *Man erhitzt* in einem Becherglas *zum Sieden, fällt das* Ba mit H_2SO_4 *aus, filtriert und setzt nach* evtl. Einengen Natronlauge hinzu, bis stark alkalisch:	
Niederschlag (II): $Fe(OH)_3$. Man kann ihn in verd. *Salzsäure* lösen *und mit Ferrocyankalium* versetzen: Berlinerblau deutet auf Eisen.	**Lösung (II):** AlO_2''', CrO_4''. Man säuert die kalte *Lösung an und gibt dann Ammoniak* zu, erwärmt und *filtriert* ab:		**Niederschlag:** $Mn(OH)_2$. Man trocknet ihn auf Ton, mischt eine Probe mit *Soda und Salpeter und schmelzt auf* einem Porzellantiegel, bis die Gasentwicklung aufhört: grüne Schmelze von Na_2MnO_4.	**Lösung:** ZnO_2''. Man *säuert mit Essigsäure* an *und leitet* H_2S *ein*: weißer Niederschlag von ZnS.
	Niederschlag (III): $Al(OH)_3$. Man kann ihn nach dem Trocknen noch *mit Cobaltratlösung auf der Kohle* glühen.: Thénards Blau charakterisiert Al oder: Morinreaktion usw. s. S. 21—22.	**Lösung gelb:** CrO_4''. *Man säuert mit Essigsäure an und gibt Bleiacetatlösung zu:* gelber Niederschlag: $PbCrO_4$.		

[1] Auch nach der Bariumcarbonatmethode kann es vorkommen, daß das Chrom nicht völlig ausfällt, daß das Filtrat vom Bariumcarbonatniederschlag also grün ist. Man setze dann zum Filtrat ca. 1 ccm $FeCl_3$ und fälle von neuem durch Zusatz von $BaCO_3$-Aufschlämmung. Das Cr wird dann mit dem Eisen ausgefällt.
[2] Bei Anwesenheit von Uran trennt man nach B. S. 22.

Gruppe IV (Ammoniumcarbonatniederschlag).

Das *Filtrat vom Schwefelammoniumniederschlag*[1] *wird mit Salzsäure angesäuert, gekocht bis sich der Schwefel zusammenballt, dann filtriert,* auf ein kleines *Volumen*[2] *eingekocht und mit Ammoniak alkalisch gemacht.* Nun gibt man anfangs wenig *Ammoniumcarbonat zu* und, falls ein Niederschlag entsteht, so viel, daß alles ausgefällt wird. Darauf erwärmt man einige Minuten auf $60-70°$[3] (nicht zum Sieden), läßt einige Zeit stehen, *filtriert und wäscht den Niederschlag gut* mit heißem Wasser *aus*:

Niederschlag (I): $CaCO_3 + SrCO_3 + BaCO_3$. Man löst den Niederschlag in möglichst *wenig verd. Salzsäure und macht* zunächst einige *Vorproben,* um rasch zu sehen, ob alle drei Erdalkalien oder nur einzelne vorhanden sind:

1. Vorprobe: *Man dampft* einige Tropfen der salzsauren Lösung *auf einem Uhrglas auf ein ganz kleines Volumen* und prüft mit einem dünnen Platindraht die *Flammenfärbung*.

a) Rotgelb: Ca; Spektralapparat: links von Na rote, rechts grüne Linie.
b) Rot: Sr; Spektralapparat: rote Banden, 1 orange und 1 blaue Linie.
c) Grüngelb: Ba; Spektralapparat: grüne Linien und Banden.

2. Vorprobe: *Man versetzt* eine *kleine Menge der salzsauren Flüssigkeit* erst *mit etwas Natriumacetatlösung und* dann mit dem $3-4$ fachen Volumen *Gipswasser*[4].

a) Es entsteht sofort eine Trübung: Ba und evtl. auch Sr.
b) Es entsteht erst nach einiger Zeit eine Trübung: Sr.
c) Es entsteht auch nach Stunden keine Trübung: C. In diesem Fall prüft man etwas salzsaure Lösung *mit Ammoniak und Ammoniumoxalat auf Ca.* Eine weitere Prüfung ist dann unnötig.

3. Vorprobe auf Ba: *Man versetzt* eine *kleine Menge der salzsauren Lösung mit Na-Acetat* und verd. Essigsäure *und setzt* $K_2Cr_2O_7$-Lösung *zu*: gelber, pulveriger Niederschlag von $BaCrO_4$ deutet auf Ba.

Trennung von Ca, Sr und Ba.

Sind alle drei Erdalkalimetalle anwesend und ist es von Wichtigkeit, ihr Mengenverhältnis zu bestimmen, so kann man sie in folgender Weise voneinander trennen. *Man dampft* die *salzsaure Lösung der Carbonate* (zuletzt) unter Rühren am besten auf einem Sandbade *zur völligen*[5] *Trockne, zerreibt* sie *mit* $10-20$ ccm *absolutem Alkohol und filtriert* durch ein trockenes Filter;

Filtrat (I): $Mg^{\cdot\cdot}$, $K^{\cdot}$, $Na^{\cdot}$, $NH_4^{\cdot}$. Etwa ein Drittel *des Filtrats wird* (evtl. nach Konzentrieren und Zusatz von Ammoniak) *mit Na-Phosphat erwärmt*: weißer krystallinischer Niederschlag: $Mg(NH_4)PO_4 \cdot 6H_2O$ zeigt Mg an.

Die *Hauptmenge des Filtrats* wird in einer Porzellanschale eingeengt und zuletzt, wenn sie zu stoßen beginnt, unter Rühren *zur Trockne gebracht*. Dann stellt man die Schale in ein Luft- oder Sandbad *und erhitzt, bis keine weißen Dämpfe mehr entweichen.* Der (meist geschmolzene) *Rückstand wird mit wenig Salzsäure aufgenommen,* durch ein kleines Filter filtriert *und* eine Probe *der Lösung* (evtl. nach Einkochen) am Platindraht *auf Flammenfärbung* (Spektralapparat) untersucht {Violettfärbung resp. rote und violette Linie: K; Gelbfärbung: Na. (Da an jeder Substanz Na adhäriert, so kann man nur aus starker und andauernder Gelbfärbung auf Na schließen.)

K und Na nebeneinander. Da die Na-Flamme die K-Flamme oft überdeckt, so betrachtet man sie zweckmäßig durch ein oder mehrere blaue Gläser. Das Na-Licht wird darin absorbiert, das K-Licht erscheint rotviolett.

Trennung des Mg von K und Na.

Kommt es darauf an, über die Mengenverhältnisse von Mg, K und Na Anhaltspunkte zu haben,

Der Gang des nassen Weges.

| Rückstand (I): BaCl₂. Er wird mit Alkohol ausgewaschen und a) eine Probe am Pt-Draht auf Flammenfärbung (Spektralapparat) geprüft: gelbgrüne Linien resp. grüngelbe Färbung resp. grüne Linien und Banden; b) eine Probe in Wasser gelöst, mit Essigsäure und $K_2Cr_2O_7$-Lösung versetzt, gibt gelben Niederschlag von $BaCrO_4$. | Lösung (I): $CaCl_2+SrCl_2$ wird auf dem Wasserbad eingedampft (Vorsicht!), der Rückstand mit Wasser aufgenommen, mit $NH_4Cl + NH_3 + (NH_4)_2CO_3$ gefällt, das Gemisch von $CaCO_3 + SrCO_3$ abfiltriert, ausgewaschen, in verd. HNO_3 gelöst und völlig zur Trockne verdampft[6]. Die so erhaltenen Nitrate werden mit 10 bis 20 ccm absol. Alkohol zerrieben und dann abfiltriert.

Rückstand (II): $Sr(NO_3)_2$. Er wird mit Alkohol ausgewaschen und auf Flammenfärbung (rot) resp. im Spektralapparat (rote Banden, orange und blaue Linien) geprüft. | so scheidet man das Mg aus der obigen salzsauren Lösung in folgender Weise ab. Man versetzt mit BaO_2H_2, solange noch ein Niederschlag entsteht.

Niederschlag: $Mg(OH)_2$. (Löse evtl. in HCl, versetze mit NH_4Cl, NH_3 und Na-Phosphat: krystallin. Fällung von $(NH_4)MgPO_4 \cdot 6H_2O$ charakterisiert Mg). Neuerdings wird folgende Reaktion empfohlen: Löse 1·2·5·8-Tetraoxyanthrachinon in 2n-Natronlauge und setze Mg-Lösung zu: blaue Färbung od. blauer Niederschlag zeigt Mg an. | **Lösung:** Ba··, K·, Na·, wird angesäuert, das Ba mit $NH_3 + (NH_4)_2CO_3$ ausgefällt, Filtrat eingedampft die Ammonsalze abgeraucht und der Rückstand in wenig H_2O gelöst. $HClO_4$ fällt aus der kalten Lösung $KClO_4$ aus. — Na kann man noch durch Zusatz einer Lösung von Kaliumpyroantimoniat nachweisen, wobei kryst. $Na_2H_2Sb_2O_7$ ausfällt (die Lösung des Na-Salzes darf dabei *nicht* sauer sein!) |
| **Lösung (II):** $Ca(NO_3)_2$. Der Alkohol wird vorsichtig abgedampft, der Rückstand in verdünnter HCl gelöst und a) auf Flammenfärbung (gelbrot) resp. im Spektralapparat (1 rote und 1 grüne Linie) untersucht. b) mit Na-Acetat und Ammoniumoxalat versetzt: weißes Ca-Oxalat. | | | |

---

[1] Hat man Phosphorsäure oder Oxalsäure zu entfernen gehabt, so muß man natürlich auch das Filtrat vom zweiten Schwefelammoniumniederschlag (nach Entfernung dieser Säuren) mit dem ersten vereinigen resp. auf Ca, Sr, Ba prüfen.

[2] Sollten sich feste Salze dabei abscheiden, so sind es (NH_4)-Salze. In diesem Fall ist es am besten (zuletzt unter Rühren), ganz einzudampfen, die Ammoniumsalze größtenteils auf dem Luft- oder Sandbad abzurauchen, weil sonst der $(NH_4)_2CO_3$-Niederschlag ausbleiben kann.

[3] Um lösliche carbaminsaure Erdalkalien in kohlensaure Erdalkalien überzuführen. Die Flüssigkeit darf nicht zum Sieden kommen, weil sich sonst $(NH_4)_2CO_3$ in $CO_2 + H_2O + 2 NH_3$ zersetzt, wodurch Erdalkali in Lösung gehen kann.

[4] Diese Probe versagt bei Anwesenheit von viel Ca.

[5] Die Masse muß völlig trocken sein, da sich feuchtes $BaCl_2$ auch in Alkohol teilweise löst. Um eine völlig trockene Masse zu erhalten, dampft man vor dem Ausziehen mit Alkohol erst mehrmals mit Alkohol ein, wodurch die letzten Reste Wasser verflüchtigt werden. Die trockne Masse ist sehr hygroskopisch und muß darum sogleich mit Alkohol extrahiert werden.

[6] Am besten auf dem Wasser- oder Sandbad, da starke Hitze die Nitrate zerlegt und in Oxyde verwandelt, die wegen ihrer Unlöslichkeit mit Alkohol nicht getrennt werden können.

B. Prüfung auf Säuren (Anionen).

Die Säuren sind in den Analysensubstanzen meist mit Metallen verbunden. Folgende Säuren kommen gewöhnlich in Betracht (in dieser Übersicht leicht zu merken):

Säuren der Halogene { HCl, HBr, HJ, HF.
$HClO$, $HClO_3$, $HClO_4$ ($HBrO_3$, HJO_3).

Säuren des Schwefels: H_2S, ($H_2S_2O_4$, Hyposchweflige S.), H_2SO_3, $H_2S_2O_3$, H_2SO_4 ($H_2S_2O_8$).

Säuren des Stickstoffs: HNO_2, HNO_3.

Säuren des Phosphors: (H_3PO_2) H_3PO_3, H_3PO_4 (HPO_3, $H_4P_2O_7$).

Säuren des Bors: B_2O_3 resp. H_3BO_3 (HBO_2, $H_2B_4O_7$).

Säuren des Siliciums: SiO_2, H_2SiO_3, H_4SiO_4 usw.; H_2SiF_6.

Säuren des Arsens und { H_3AsO_3, H_3AsO_4; H_3AsS_3, H_3AsS_4.
Antimons H_3SbO_3, H_3SbO_4; H_3SbS_3, H_3SbS_4.

Säuren des Chroms und Mangans: H_2CrO_4 ($H_2Cr_2O_7$); $HMnO_4$.

Säuren des Kohlenstoffs { CO_2 (resp. H_2CO_3), CH_3COOH, $H_2C_2O_4$
(Organische Säuren) (Oxals.), Weinsäure $C_4O_6H_6$.
HCN, $HSCN$, $H_4[Fe(CN)_6]$, $H_3[Fe(CN)_6]$.

Die meisten dieser Säuren oder auch alle findet man im Laufe der Analyse, teils durch Vorproben, teils im Analysengang, teils durch besondere Proben. Auf solche, für die man nur Anhaltspunkte erhielt, prüft man besonders nach den unten mitgeteilten Reaktionen der einzelnen Säuren.

Bei den Vorproben kann man meist erkennen:

1. Durch Erhitzen für sich oder mit Soda im Glühröhrchen: Chlorate, Bromate, Jodate, Nitrate, As- und organ. Säuren.
2. Durch das Kohle-Sodastäbchen: S in den Säuren des Schwefels, evtl. Fe aus Ferro- und Ferricyanverbindungen (meist unvollkommen).
3. Durch die Phosphorsalzperle: Kieselsäureverbindungen, Fe, Cr, Mn.
4. a) Durch konz. H_2SO_4 allein: HCl, HBr, HJ; HF; $HClO$ (gibt Cl_2); $HClO_3$ (gibt ClO_2); HNO_2 (in Kälte mit verd. Säure rote Dämpfe), HNO_3 (in Hitze rote Dämpfe); CO_2 (Barytwasser); Oxalsäure ($CO_2 + CO$); Weinsäure (Verkohlung); Essigsäure (Geruch); Cyansäuren (CO und HCN).
   b) Durch konz. H_2SO_4 + Alkohol: Essigsäure (erhitzt Estergeruch); Borsäure (Gemisch brennt angezündet mit grüngesäumter Flamme).
   c) Durch konz. H_2SO_4 + Ferrosulfatlösung: HNO_2 und HNO_3. Schichtet man Lösungen von Nitriten und Nitraten auf ein Gemisch von konz. H_2SO_4 und konz. $FeSO_4$, so bildet sich

ein brauner (bei geringen Mengen ein roter) Ring an der Berührungsfläche. Bei Gegenwart von Nitrit prüft man so auf Nitrat, daß man eine konz. Lösung der Substanz mit Harnstoff und H_2SO_4 versetzt, wartet, bis die Gasentwicklung vorbei ist, um dann über die Ferrosulfat-Schwefelsäuremischung zu schichten. Entsteht auch jetzt noch ein Ring, so ist auch HNO_3 vorhanden. Andere Proben auf HNO_3 s. unten bei der Übersicht über die einzelnen Säuren.

Im Analysengang findet man: As, Sb, Phosphorsäure, Oxalsäure; auch Mn und Cr können von Säuren des Mangans und Chroms herrühren.

Durch die besonderen Proben auf S. 10—12 hat man geprüft auf: $H_4[Fe(CN)_6]$, $H_3[Fe(CN)_6]$, SiO_2, HF und Borsäure.

Da die Säuren gewöhnlich in Form von Salzen (in Lösung also meist als Anionen) in den Analysensubstanzen vorhanden sind, so kann man aus der Anwesenheit gewisser Elemente auf die Abwesenheit mancher Säuren schließen, z. B.:

1. Enthält die saure Lösung einer Substanz Ag, so braucht man nicht zu prüfen auf Cl′, Br′, J′, CN′, $[Fe(CN)_6]''''$, $[Fe(CN)_6]'''$.
2. Eine wasserlösliche, neutral reagierende Substanz, in der man Ba·· fand, kann nicht enthalten: SO_3'', SO_4'', PO_4''', F′, $[SiF_6]''$, Oxalsäure; bei einer ebensolchen Ca-haltigen Substanz erübrigt sich die Prüfung auf F′, PO_4''', C_2O_4'', SO_3''.
3. Hat der Analysengang die Abwesenheit von As, Sb, Cr und Mn ergeben, so ist es zwecklos, auf Säuren dieser Elemente zu fahnden usw.

Ein Trennungsgang für Säuren, durch den man alle voneinander scheiden kann, ähnlich wie die Metalle auf nassem Wege, existiert nicht. Durch die folgenden Proben 1. und 2. kann man aber Anhaltspunkte für Gruppen von Säuren erhalten und dann auf die einzelnen Säuren dieser Gruppen nach den unten (S. 29 ff.) aufgeführten Reaktionen prüfen.

1. Oxydierende und reduzierende Säuren erkennt man nach Riesenfeld daran, daß man eine Lösung der freien Säuren einerseits mit einer wässerigen Lösung von Jodkalium, andererseits mit einer sehr verdünnten Lösung von Jod in Alkohol zusammenbringt.
2. Man versetzt eine salpetersaure Lösung der Säuren einerseits mit Silbernitrat-, andererseits mit Bariumchloridlösung, und beobachtet, ob so Niederschläge entstehen.

Um diese Proben ausführen zu können, muß man Lösungen der Säuren haben. Sind diese für sich oder als Alkalisalze vorhanden, so kann man sie ohne weiteres verwenden. Sind die Säuren aber an andere Metalle in Form unlöslicher Salze gebunden, was meistens der Fall ist, so muß man diese Metalle entfernen. Das geschieht dadurch, daß man den sog. **Sodaauszug** herstellt, d. h. die ursprüngliche Substanz mit

Sodalösung kocht. Dabei fallen die Metalle als Carbonate, basische Carbonate, Hydroxyde und Oxyde nieder, während die Säuren an Natrium gebunden werden und in Lösung gehen. Die ursprüngliche Substanz muß selbstverständlich auf Kohlensäure besonders geprüft werden.

Man erhält den Sodaauszug dadurch, daß man die ursprüngliche Substanz fein gepulvert mit der 5fachen Menge konz. Sodalösung[1] etwa 5—10 Min. lang unter Ersatz des verdampfenden Wassers kocht und vom Niederschlag abfiltriert. (Wirksamer ist es noch, die Substanz mit der 3—4fachen Menge wasserfreier Soda im Platintiegel[2] zu schmelzen, die Schmelze mit Wasser auszulaugen und zu filtrieren.) Das Filtrat muß klar sein.

Ist die Sodalösung bei gleichzeitiger Anwesenheit von Kupfer blau gefärbt, so deutet das auf die Anwesenheit von Weinsäure u. a. organischen Säuren.

Mit dem Sodaauszug macht man eine Reihe von besonderen Proben auf Gruppen von Säuren (I und II) und auch auf einzelne Säuren.

I. Ein Teil des Sodaauszugs wird zur Prüfung auf oxydierende und reduzierende Säuren mit reiner Salzsäure[3] angesäuert, diese Lösung in zwei gleiche Teile geteilt. Die erste Hälfte versetzt man mit einigen Tropfen farbloser Jodkaliumlösung. Scheidet sich dabei Jod ab (im Zweifelsfalle durch Ausschütteln mit Schwefelkohlenstoff oder durch Zusatz von Stärkelösung erkennbar), so deutet das auf die oxydierenden Säureionen: ClO', ClO_3', BrO_3', JO_3', NO_2', S_2O_8'', CrO_4'' resp. Cr_2O_7'', MnO_4', AsO_4''', $[Fe(CN)_6]'''$. (Auch H_2O_2 scheidet Jod aus Jodkaliumlösung aus.)

Die zweite Hälfte der angesäuerten Lösung versetzt man zunächst mit einem Tropfen verdünnter alkoholischer Jodlösung. Tritt Entfärbung ein, so setzt man weiter tropfenweise Jodlösung zu, um zu sehen, ob auch sie noch entfärbt wird. Positiver Ausfall dieser Reaktion deutet auf die Anwesenheit der Ionen S'', SO_3'', S_2O_3'', AsO_3''' (auch Salze des Hydroxylamins und Hydrazins entfärben Jodlösung).

II. Ein zweiter Teil des ursprünglichen Sodaauszuges wird mit reinster verdünnter Salpetersäure angesäuert und die Flüssigkeit erhitzt, bis alles CO_2 entwichen ist. Diese Lösung teilt man wieder in zwei gleiche Hälften. Die eine versetzt man mit einigen Tropfen Silbernitratlösung. Niederschläge geben so folgende Anionen: Cl' (weiß),

---

[1] Wendet man zuviel Sodalösung an, so können kleine Mengen von Co, Pb u. a. Metalle in Lösung gehen. In einem solchen Fall fällt man die Lösung mit frisch bereitetem Schwefelammonium, filtriert, dampft $(NH_4)_2S$ ab, nimmt mit Wasser auf und neutralisiert mit HNO_3.

[2] $BaSO_4$, Phosphate u. a. werden durch Kochen mit Sodalösung nicht völlig in Na-Salze verwandelt, wohl aber durch Schmelzen.

[3] Entsteht beim Neutralisieren ein Niederschlag, so sind Sulfosalze des As, Sb, Sn vorhanden. Sie müssen abfiltriert und evtl. mit H_2S völlig aus der Lösung entfernt werden. Auch SiO_2 kann sich beim Neutralisieren gallertartig abscheiden.

Br' (gelblich), J' (gelb), CN' (weiß), SCN' (weiß), [Fe(CN)$_6$]'''' (weißlich), [Fe(CN)$_6$]''' (orangebraun), S'' (schwarz).

Man überzeuge sich, ob der Niederschlag auf Zusatz von mehr Salpetersäure bestehen bleibt.

Die zweite Hälfte der salpetersauren Lösung wird mit Bariumchlorid versetzt. Ein weißer Niederschlag zeigt SO$_4$- und SiF$_6$-Ionen an.

III. Mit weiteren Teilen des Sodaauszuges kann man dann auf noch zweifelhafte Säuren prüfen. In der folgenden Übersicht sind die wichtigsten Reaktionen sämtlicher in Betracht kommender Säuren zusammengestellt.

Übersicht über die Reaktionen der wichtigsten Säuren.

(Fettgedruckte Nummer deutet auf eine besonders charakteristische Reaktion.)

Säuren der Halogene.

Salzsäure HCl resp. Cl':

1. Konz. H$_2$SO$_4$ entwickelt mit der festen Substanz sofort HCl (an der Luft stark rauchend, erstickend riechend). Setzt man etwas Braunstein zu und erwärmt, so entsteht gelbes, charakteristisch riechendes Chlorgas.

2. AgNO$_3$ gibt mit der neutralen oder salpetersauren Lösung oder mit dem neutralisierten Sodaauszug weißes AgCl (das sich am Licht allmählich dunkel färbt), unlöslich in HNO$_3$, löslich in NH$_3$, KCN, Na$_2$S$_2$O$_3$.

3. Trockene Chloride mit K$_2$Cr$_2$O$_7$ gemischt und mit konz. H$_2$SO$_4$ in einer Retorte destilliert, geben chromhaltiges Destillat. Auf Zusatz von Na-Acetat und Pb-Acetat fällt dann gelbes PbCrO$_4$. (Man kann schon beim Erhitzen obiger Mischung im Reagensrohr an den charakteristischen dunkelroten Tropfen von CrO$_2$Cl$_2$, die sich oben im Reagensrohr ansetzen, auf Chlor schließen.)

NB. Diese Reaktion ist nicht sehr empfindlich und versagt bei schwer löslichen Chloriden wie AgCl, HgCl u. a.

Bromwasserstoffsäure HBr resp. Br':

1. Konz. H$_2$SO$_4$ entwickelt mit festem Bromid stark rauchenden HBr, der durch etwas Br braungelb gefärbt ist. Setzt man etwas Braunstein zu und erhitzt, so entsteht braungelber Bromdampf, der Stärke, die, am angefeuchteten Ende eines Glasstabes haftend, in die Dämpfe gebracht wird, gelb färbt (Unterschied von N$_2$O$_3$- und NO$_2$-Dämpfen).

2. AgNO$_3$ fällt aus neutralisiertem Sodaauszug gelblich-weißes AgBr, unlöslich in HNO$_3$, löslich in konz. NH$_3$, KCN, Na$_2$S$_2$O$_3$.

3. Chlorwasser, zum neutralen, mit etwas CS$_2$ oder CHCl$_3$ versetzten Sodaauszug gesetzt, färbt nach Schütteln den CS$_2$ gelb bis braun.

NB. Mischt man feste Bromide mit K$_2$Cr$_2$O$_7$, setzt konz. H$_2$SO$_4$ zu und destilliert, so geht nur Brom, kein CrO$_2$H$_2$ über (Unterschied von Cl).

Jodwasserstoffsäure HJ resp. J':

1. Konz. H$_2$SO$_4$ entwickelt mit festen Jodiden (außer AgJ) stark rauchenden HJ und Jod, das beim Erhitzen violette Dämpfe bildet. (Oft riecht man H$_2$S, da HJ die H$_2$SO$_4$ stark reduziert.)

2. AgNO$_3$ fällt aus dem neutralisierten Sodaauszug gelbes AgJ, unlöslich in HNO$_3$ und NH$_3$, löslich in KCN und Na$_2$S$_2$O$_3$.

3. Chlorwasser, tropfenweise zu dem mit etwas CS_2 versetzten neutralisierten Sodaauszug oder der neutralen Auflösung der Substanz gesetzt, färbt den CS_2 beim Schütteln erst violett, bei Zusatz von viel Chlorwasser wird CS_2 wieder farblos.

4. $NaNO_2$ oder KNO_2 zu dem mit Stärkelösung versetzten, mit H_2SO_4 angesäuerten Sodaauszug gesetzt, erzeugt **Blaufärbung** der Flüssigkeit.

NB. Auch Chromsäure macht aus Jodiden Jod frei und ebenso Ferrisalze. Kocht man eine Jodidlösung mit Ferrisulfat, so kann man das Jod verflüchtigen (Unterschied von Br und Cl).

Nachweis von Cl und Br nebeneinander: 1. Man mischt die trockene Substanz mit $K_2Cr_2O_7$, gibt konz. H_2SO_4 zu und destilliert. Gibt das mit Wasser und Na-Acetat versetzte Destillat mit Pb-Acetat einen gelben Niederschlag ($PbCrO_4$), so ist Cl nachgewiesen. — Destilliert man ein Gemenge von Substanz und MnO_2 mit konz. H_2SO_4, so geht zuerst Br_2 über, dann Cl_2.

2. Setze tropfenweise Chlorwasser zu einer Probe mit CS_2 versetztem neutralisiertem Sodaauszug und schüttle: Gelb- bis Braunfärbung deutet auf Brom.

3. $AgNO_3$ fällt bei tropfenweisem Zusatz erst gelbliches AgBr und dann erst weißes AgCl.

Nachweis von Cl und J nebeneinander: Man fällt eine Probe des neutralen Sodaauszuges mit $AgNO_3$ aus, filtriert ab und übergießt mehrmals mit dem gleichen Volum wässerigem NH_3. Auf dem Filter bleibt gelbes AgJ. Aus der Lösung wird durch Ansäuern mit HNO_3 weißes AgCl gefällt.

Nachweis von Br und J nebeneinander: 1. Eine kleine, stark verdünnte Probe von neutralisiertem Sodaauszug über CS_2 wird tropfenweise mit Chlorwasser versetzt. Zuerst färbt sich der CS_2 von Jod violett, wird bei weiterem Zusatz allmählich farblos (JO_3'), dann braunrot von Br, zuletzt hellgelb. — HNO_2 (rauchende HNO_3), $HMnO_4$, CrO_3 setzen in der Kälte aus einem Gemisch von Br' und J' nur J in Freiheit.

Nachweis von Cl, Br und J nebeneinander: 1. Br' und J' wie vorher mit Chlorwasser. Um Cl' nachzuweisen, entfernt man zuerst das J, indem man den neutralisierten Sodaauszug mit Eisenalaun $[NH_4Fe^{III}(SO_4)_2 \cdot 12\,H_2O]$ so lange kocht, als noch violette Dämpfe entweichen, dann dampft man zur Trockne, mischt mit $K_2Cr_2O_7$ und destilliert mit H_2SO_4: Chrom im Destillat zeigt Cl an.

2. $AgNO_3$ tropfenweise zum neutralisierten Sodaauszug gesetzt, fällt zuerst (in der Kälte) gelbes AgJ (Abfiltrieren), dann gelbliches AgBr (Abfiltrieren), zuletzt weißes AgCl.

NB. $HMnO_4$ (angesäuerte Lösung von $KMnO_4$) oxydiert, wenn alle drei vorhanden sind, in der Hitze zuerst J' zu Jod, dann Br' zu Brom. Chlor wird so nicht in Freiheit gesetzt und kann als Cl' in der Lösung nachgewiesen werden.

Fluorwasserstoffsäure HF resp. F':

1. Konz. H_2SO_4 gibt mit der festen Substanz stechend riechende, an der Luft rauchende HF, die Glas ätzt (s. Ätzprobe S. 11). Mischt man die Substanz mit Kieselsäure und erhitzt dann mit konz. H_2SO_4, so entstehen Dämpfe von SiF_4, die einen Wassertropfen an einem Glasstab trüben (Kieselsäure-Ausscheidung).

2. $AgNO_3$ gibt mit dem neutralisierten Sodaauszug keine Fällung, da AgF in Wasser löslich ist.

3. $BaCl_2$ gibt mit löslichen Fluoriden weißes BaF_2, das in viel Säure löslich ist.

4. $CaCl_2$ gibt weißes schleimiges CaF_2, unlöslich in Essigsäure.

Übersicht über die Reaktionen der wichtigsten Säuren.

Unterchlorige Säure HOCl und ClO′ (frei sehr zersetzlich):
1. Konz. H_2SO_4 gibt mit festen Hypochloriten Chlor.
2. $AgNO_3$ gibt mit neutralisiertem Sodaauszug anfangs AgClO, das sich schnell zu AgCl zersetzt.
3. Jodkaliumstärkepapier wird gebläut, Indigolösung wird auch in alkalischer Lösung gelb (Unterschied von ClO_3', das nur in saurer Lösung einwirkt). **Lackmuspapier wird gebleicht** (in alkalischer und saurer Lösung).
4. $MnCl_2$ gibt in alkalischer Lösung schwarzes MnO_3H_2. Analoge Oxydationswirkungen entstehen mit Fe^{II}-, Ni^{II}-, Co^{II}- u. a. Salzen.

Chlorsäure $HClO_3$:
1. Konz. H_2SO_4 gibt gelbes ClO_2, das beim Erhitzen explodiert (Vorsicht!).
2. Mit konz. HCl entsteht beim Erwärmen Chlor (und ClO_2).
3. Feste Salze geben beim Glühen Chloride und Sauerstoff und verpuffen auf der Kohle.
4. $AgNO_3$ und $BaCl_2$ geben mit dem neutralisierten Sodaauszug keinen Niederschlag, da $AgClO_3$ und $Ba(ClO_3)_2$ löslich sind.
5. KJ scheidet aus der angesäuerten Lösung Jod aus, nicht aus der neutralen oder alkalischen Lösung (Unterschied von ClO′).

Überchlorsäure $HClO_4$ resp. ClO_4':
1. Konz. H_2SO_4 wirkt nicht merkbar ein.
2. $AgNO_3$, $BaCl_2$ geben keinen Niederschlag, da $AgClO_4$ und $Ba(ClO_4)_2$ löslich sind.
3. KJ scheidet weder in saurer noch in alkalischer Lösung Jod aus, sondern gibt in der Kälte schwer lösliches $KClO_4$.
4. Indigolösung wird auch in saurer Flüssigkeit nicht entfärbt.
5. K-Salze geben weißes, in Kälte schwer lösliches $KClO_4$, das sich in heißem H_2O löst, beim Abkühlen wieder ausscheidet.

Nachweis von Cl_2, Cl′, ClO′, ClO_3', ClO_4', nebeneinander. Cl_2 erkennt man am Geruch und an der Bläuung von Jodkaliumstärkepapier. — Bei Anwesenheit von ClO′ entfärbt der alkalische Sodaauszug Indigolösung und scheidet J aus KJ aus (bläut KJ-Stärkepapier). — Um Cl′ neben ClO′ nachzuweisen, säuert man den Sodaauszug mit H_2SO_4 ganz schwach an und schüttelt so lange mit Hg, bis KJ-Stärkepapier nicht mehr gebläut wird. Dann filtriert man und gibt $AgNO_3$ zu: weißes AgCl, wenn Cl′ vorhanden war. — Um ClO_3' neben Cl′ nachzuweisen, säuert man den Sodaauszug mit HNO_3 an, fällt Cl′ mit überschüssigem $AgNO_3$ aus und filtriert. Zum Filtrat setzt man zur Reduktion von ClO_3' schweflige Säurelösung, wobei AgCl ausfällt. — Zum Nachweis von ClO_4 gibt man KCl zu: weißer krystallinischer Niederschlag von $KClO_4$ (in der Hitze löslich, in der Kälte wieder ausfallend); zeigt ClO_4' an.

Bromsäure $HBrO_3$ resp. BrO_3':
1. Konz. H_2SO_4 färbt in der Kälte gelb und entwickelt Sauerstoff, beim Erhitzen heftige Zersetzung, Br-Dämpfe.
2. $AgNO_3$ in konz. schwach saurer Lösung gelbliches $AgBrO_3$, löslich in HNO_3.
3. $BaCl_2$ in konz. Lösung weißes $Ba(BrO_3)_2$, löslich in starken Säuren.
4. Reduktionsmittel (SO_2-Lösung, H nasc.) reduzieren zu Br_2 resp. Br′.
5. Feste Salze zerfallen beim Glühen in Bromide und Sauerstoff.

Jodsäure HJO_3 resp. JO_3':
1. Konz. H_2SO_4 wirkt weder in der Kälte noch in der Hitze sichtbar ein.
2. $AgNO_3$ fällt weißes $AgJO_3$ (käsig), schwer löslich in HNO_3, leicht löslich in NH_3.

3. $BaCl_2$ fällt weißes $Ba(JO_3)_2$, allmählich löslich in HNO_3.
4. KJ zu-dem mit H_2SO_4 angesäuerten Sodaauszug scheidet Jod aus (gelbbraun).
5. Feste Salze zerfallen beim Glühen in Jödide und Sauerstoff.

Nachweis von Br', J', BrO_3', JO_3' nebeneinander: Man säuert den Sodaauszug mit HNO_3 an, fällt mit überschüssigem $AgNO_3$, Br', J' als AgBr, AgJ aus und filtriert. Das Filtrat wird mit Na-Acetat versetzt, wodurch $AgBrO_3$ und $AgJO_3$ ausfallen. Man filtriert ab, löst in HNO_3, unterschichtet mit CS_2 und gibt tropfenweise SO_2-Lösung zu. Dann wird zuerst J_2, dann Br_2 frei, die CS_2 färben.

Säuren des Schwefels. (Alle geben die Heparreaktion.)
Schwefelwasserstoff H_2S bzw. S'':

1. Verd. H_2SO_4 entwickelt H_2S (Geruch, Schwärzung von Bleipapier).
2. $AgNO_3$ fällt schwarzes Ag_2S, löslich in konz. HNO_3.
3. $BaCl_2$ kein Niederschlag.
4. Nitroprussidnatrium $Na_2[Fe(CN)_5NO]$ gibt mit der alkalischen Lösung wasserlöslicher Sulfide schön rotviolette Färbung.

Hyposchweflige Säure $H_2S_2O_4$ (frei unbeständig, Natriumhydrosulfit $Na_2S_2O_4$ viel zu Reduktionszwecken verwendet):

1. Beim Erhitzen von $Na_2S_2O_4$ tritt nach vorübergehender Gelbfärbung SO_2-Entwicklung auf, dann Dunkelbraunfärbung, Teigigwerden der Masse und Abdestillieren von S.
2. $AgNO_3$ fällt Gemenge von $Ag_2S + Ag$.
3. Indigolösung wird durch Hydrosulfitlösung sofort entfärbt; beim Stehen an der Luft wird die Lösung allmählich wieder blau.
4. Ammoniakalische Kupferlösung (Cu-Salz+überschüss. NH_3) wird sofort entfärbt und scheidet beim Erwärmen metallisches Cu aus.

Schweflige Säure SO_2 bzw. SO_3'':

1. Konz. H_2SO_4 entwickelt aus Salzen heftig SO_2 (Geruch, Schwärzung von Mercuronitratpapier). HCl verhält sich ebenso.
2. $AgNO_3$ fällt aus neutralisiertem Sodaauszug bei Zimmertemperatur weißes Ag_2SO_3, löslich in HNO_3; wird beim Kochen grau vom metallischen Ag.
3. $BaCl_2$ fällt weißes $BaSO_3$, löslich in HNO_3; gibt beim Kochen weißes $BaSO_4$.
4. Wird auf Zusatz von $K_2Cr_2O_7$ und verd. Schwefelsäure grün.
5. Jodjodkaliumlösung wird entfärbt.

Thioschwefelsäure $H_2S_2O_3$, $SO_2\begin{smallmatrix}OH\\SH\end{smallmatrix}$ bzw. S_2O_3''

(frei unbeständig, Salze beständig):

1. Beim Erhitzen im Glühröhrchen scheidet sich S ab.
2. Verd. und konz. H_2SO_4 sowie Säuren überhaupt scheiden erst weißen, dann gelben S kolloidal ab, während SO_2 gebildet wird.
3. $AgNO_3$ fällt weißes $Ag_2S_2O_3$, das sich rasch gelb, braun und schwarz (Ag_2S) färbt. $Ag_2S_2O_3$ ist löslich in HNO_3 und im Überschuß von $Na_2S_2O_3$.
4. $BaCl_2$ fällt aus konz. Lösungen weißes $Ba_2S_2O_3$, löslich in Säuren und heißem H_2O.
5. Jodjodkaliumlösung wird von neutraler oder saurer Thiosulfatlösung entfärbt.

Übersicht über die Reaktionen der wichtigsten Säuren.

Schwefelsäure H_2SO_4 bzw. SO_4'':

1. $AgNO_3$ fällt aus verd. Lösungen nichts, aus konz. Lösungen weißes Ag_2SO_4, das beim Verdünnen löslich ist.
2. $BaCl_2$ fällt weißes $BaSO_4$, unlöslich in Säuren.
3. Pb-Acetat fällt weißes $PbSO_4$, löslich in KOH und einer mit überschüssigem NH_3 versetzten Lösung von Weinsäure oder Essigsäure (sog. basisch weinsaures oder essigsaures Ammonium).

Perschwefelsäure $H_2S_2O_8$:

1. Verd. und konz. H_2SO_4 ohne sichtbare Reaktion.
2. $AgNO_3$ in der Kälte keine Fällung, beim Kochen schwarzes Ag_2O_2.
3. $BaCl_2$ gibt in der Kälte keine Fällung, beim Kochen scheidet sich $BaSO_4$ ab.
4. Mn-, Pb-, Co-, Ni-Salze scheiden aus alkalischen Lösungen von Perschwefelsäure MnO_3H_2, PbO_2, $Co(OH)_3$, $Ni(OH)_3$ dunkelfarbig ab.
5. $KMnO_4$ mit H_2SO_4 angesäuert wird von Persulfat nicht entfärbt (Unterschied von H_2O_2); Titansulfat gibt keine Gelbfärbung (Unterschied von H_2O_2).

Nachweis von S'', SO_3'', S_2O_3'' und SO_4'' nebeneinander. Man versetzt den Sodaauszug mit ammoniakalischer $ZnCl_2$-Lösung $[Zn(NH_3)_6]Cl_2$. Bei Anwesenheit von S'' fällt ZnS nieder. Das Filtrat davon wird neutralisiert und mit $Sr(NO_3)_2$-Lösung versetzt: Niederschlag von $SrSO_3$ und $SrSO_4$, von denen ersteres sich in verd. HCl löst, letzteres zurückbleibt. Filtrat davon entfärbt tropfenweise zugesetzte Jodjodkaliumlösung. — Säuert man das Filtrat vom $Sr(NO_3)_2$-Niederschlag an, so scheidet sich S kolloidal ab, falls S_2O_3'' vorhanden ist.

Säuren des Stickstoffs.

Salpetrige Säure HNO_2 bzw. NO_2':

1. Verd. H_2SO_4 macht aus allen Nitriten rotbraune Dämpfe frei, konz. H_2SO_4 ebenso, löst aber die Dämpfe gleich wieder unter Bildung von Nitrose.
2. $AgNO_3$ fällt weißes $AgNO_2$, das sich in viel kochendem Wasser löst und sich beim Erkalten in Nadeln ausscheidet.
3. Ferrosulfat in verd. oder konz. H_2SO_4 gibt beim Überschichten mit Nitritlösung eine braune Zone.
4. KJ scheidet aus mit Essigsäure angesäuerter Nitritlösung Jod aus.
5. Diphenylamin in konz. H_2SO_4 gelöst gibt mit Nitriten Blaufärbung.
6. Nitron in essigsaurer Lösung gibt weißen Niederschlag von Nitronnitrit.
7. m-Phenylendiamin in Säure gelöst gibt mit Nitrit eine gelbe Färbung.
8. Eine mit H_2SO_4 versetzte Lösung von $KMnO_4$ wird durch Nitrit entfärbt.

Salpetersäure HNO_3 bzw. NO_3':

1. Verd. H_2SO_4 reagiert nicht merklich, konz. H_2SO_4 gibt erst in der Hitze rotbraune Dämpfe (salpetrige Säure gibt schon in der Kälte sofort rote Dämpfe).
2. Löse die auf HNO_3 zu prüfende Substanz in möglichst wenig Wasser, gib reine, konz. H_2SO_4 zu und überschichte mit einer konz. Lösung von Eisenvitriol: dunkelbraune bis rötliche Zone an der Berührungsstelle zeigt HNO_3 an.
3. $AgNO_3$ und $BaCl_2$ geben keine Fällung.
4. Diphenylamin in reiner konz. H_2SO_4 gelöst gibt Blaufärbung.
5. Nitron in essigsaurer Lösung gibt weißes Nitronnitrat.
6. Brucin in konz. H_2SO_4 gibt rote Färbung, die über Orange gelb wird.

Säuren des Phosphors.

(Geben alle mit Mg geglüht und angefeuchtet Phosphorwasserstoffgeruch.)

Unterphosphorige Säure H_3PO_2. Frei wenig beständig, haltbarer ist Na-Hypophosphit $NaO_2PH_2 \cdot H_2O$, wirkt stark reduzierend.

1. Erhitzen von festem Hypophosphit gibt riechenden und brennenden Phosphorwasserstoff (sehr giftig! Vorsicht! Abzug!) und Pyrophosphat.
2. Konz. H_2SO_4 entwickelt beim Erwärmen mit Hypophosphit SO_2 und scheidet S ab (Reduktion).
3. $AgNO_3$ gibt mit neutraler Hypophosphitlösung anfangs weißen Niederschlag, der bald braun und schwarz wird; angesäuerte Hypophosphitlösung reduziert sofort zu metall. Ag.
4. Mit konz. NaOH entwickelt Na-Hypophosphit Wasserstoff.

Phosphorige Säure H_3PO_3 bzw. PO_3H'' resp. $OPH(OH)_2$ wirkt stark reduzierend; nur 2 H-Atome sind durch Metalle ersetzbar.

1. Konz. H_2SO_4 wird beim Kochen mit phosphoriger Säure zu SO_2 reduziert.
2. $AgNO_3$ fällt anfangs weißes Ag_2HPO_3, das bald zu metall. Ag (schwarz) reduziert wird.
3. $BaCl_2$ fällt weißes $BaHPO_3$, leicht löslich in HNO_3.
4. $HgCl_2$ wird erst zu weißem HgCl und dann zu grauem Hg reduziert.

Phosphorsäure (Ortho-) H_3PO_4 bzw. PO_4'''

(alle 3 H-Atome sind durch Metalle ersetzbar, die neutral reagierenden Alkalisalze haben nur 2 H-Atome ersetzt):

1. Verd. und konz. H_2SO_4 sind ohne Einwirkung.
2. $AgNO_3$ fällt gelbes Ag_3PO_4, löslich in HNO_3 und NH_3.
3. $BaCl_2$ fällt weißes $BaHPO_4$, bei Gegenwart von NH_3 weißes $Ba_3(PO_4)_2$, beide löslich in Essig- und Mineralsäuren.
4. Magnesiamixtur (Mg-Salz + NH_4Cl + NH_3) fällt weißes krystallinisches $Mg(NH_4)PO_4 \cdot 6 H_2O$, löslich in Säuren.
5. Ammonmolybdat im Überschuß zur salpetersauren Phosphatlösung gesetzt und erwärmt gibt Gelbfärbung und bald festes gelbes $(NH_4)_3PO_4 \cdot 12 MoO_3$ (Anwesenheit von Cl' und von organischer Substanz kann die Reaktion stören, Kieselsäure gibt Gelbfärbung. Arsensäure gibt einen ähnlich zusammengesetzten Niederschlag, aber langsamer.)

Metaphosphorsäure HPO_3 bzw. PO_3'. (Die Phosphorsalzperle besteht aus $NaPO_3$. Geht in wässeriger Lösung bald in H_3PO_4 über.)

1. $AgNO_3$ fällt weißes $AgPO_3$, löslich in HNO_3, NH_3 und im Überschuß von Metaphosphat.
2. Eiweißlösung zu mit Essigsäure versetzter $NaPO_3$-Lösung gesetzt, wird koaguliert (Unterschied von o- und Pyro-Phosphat).
3. Magnesiamixtur gibt mit verd. Lösung von $NaPO_3$ weder kalt noch heiß einen Niederschlag (Unterschied von o- und Pyro-Phosphat).
4. Molybdänlösung gibt mit Salpetersäure angesäuerter m-Phosphatlösung erst nach einiger Zeit (wenn m-Phosphat in o-Phosphat übergegangen ist) den gelben Niederschlag.

Pyrophosphorsäure $H_4P_2O_7$ bzw. P_2O_7''''. (Na-Salz entsteht durch Erhitzen von Na_2HPO_4. Geht in wässeriger Lösung bald in H_3PO_4 über.)

1. $AgNO_3$ fällt aus neutraler Lösung weißes $Ag_4P_2O_7$, löslich in HNO_3 und NH_3.
2. Ammonmolybdat gibt in der Kälte mit salpetersaurer Pyrophosphatlösung keinen Niederschlag, sondern erst beim Kochen, wenn sie in gewöhnliches Phosphat verwandelt ist.

Säuren des Bors
(färben die Flammen grün).

Die 3 Borsäuren H_3BO_3(o-), HBO_2 bzw. BO_2'(m-), $H_2B_4O_7$ (Tetra- oder Pyro-) gehen in wässerigen Lösungen leicht ineinander über. Sie geben alle die gleichen Reaktionen.

1. Mit konz. H_2SO_4 und Alkohol (besser Methylalkohol) zerrieben, und angezündet: grüne Flamme von $B(OC_2H_5)_3$.
2. $AgNO_3$ gibt in der Kälte weißes $AgBO_2$, löslich in HNO_3 und NH_3. Beim Kochen spaltet sich der Niederschlag zu braunem Ag_2O.
3. $BaCl_2$ fällt weißes $Ba(BO_2)_2$, löslich in HNO_3, in NH_4Cl und in überschüssigem $BaCl_2$.
4. Curcumapapier, in eine salz- oder schwefelsaure Boratlösung getaucht, wird nach Trocknen rotbraun. Nun mit Alkalihydroxyd betupft, wird es vorübergehend blauschwarz.

Säuren des Siliciums
(Skelet in Phosphorsalzperle).

Lösliche Kieselsäuren H_2SiO_3, H_4SiO_4.

1. Beim Ansäuern (HCl) geben wässerige Lösungen gallertartige Fällungen von hydrat. Kieselsäuren; löslich in Na_2CO_3 und NaOH. Dampft man die Flüssigkeit mit konz. HCl mehrmals zur Trockne und nimmt dann mit verd. Säure wieder auf, so bleibt SiO_2 als unlöslicher Rückstand.
2. Ammoniumsalze fällen gallertartige hydratische Kieselsäuren (H_4SiO_4, H_2SiO_3 u. a.).
3. HF verwandelt SiO_2 und trockene Silicate in gasförmiges SiF_4, das Wasser trübt.

Säuren des Arsens
(geben mit Soda und Cyankalium im Glühröhrchen Arsenspiegel).

Arsenige Säure H_3AsO_3 ($HAsO_2$) resp. AsO_3''':

1. $AgNO_3$ fällt aus neutraler Lösung gelbes Ag_3AsO_3, löslich in HNO_3 und NH_3.
2. H_2S fällt aus saurer Lösung gelbes As_2S_3, löslich in $(NH_4)_2S$, NH_3 und $(NH_4)_2CO_3$, unlöslich in HCl.
3. Jodjodkaliumlösung (wenig) wird von mit $NaHCO_3$ versetzter Arsenigsäurelösung entfärbt.
4. $SnCl_2$ in konz. HCl (Bettendorffs Reagens) scheidet beim Erwärmen schwarzes As aus.

Arsensäure H_3AsO_4 bzw. AsO_4''':

1. $AgNO_3$ fällt aus neutraler Lösung schokoladenbraunes Ag_3AsO_4, löslich in HNO_3 und NH_3.
2. Magnesiamischung (Mg-Salz + NH_4Cl + NH_3) fällt weißes krystallinisches $Mg(NH_4)AsO_4 \cdot 6 H_2O$.
3. Molybdänsaures NH_4 fällt in der Siedehitze aus salpetersaurer Arsensäurelösung gelbes $(NH_4)_3AsO_4 \cdot 12 MoO_3$.
4. $SnCl_2$ in konz. HCl (Bettendorffs Reagens) scheidet beim Erwärmen schwarzes As aus.

Säuren des Chroms und Mangans.
Chromsäure H_2CrO_4 bzw. CrO_4'':

1. Verd. H_2SO_4 u. a. Säuren verwandeln gelbes CrO_4'' in orangefarbiges Cr_2O_7''.
2. $AgNO_3$ fällt braunrotes Ag_2CrO_4, löslich in HNO_3 und NH_3.

3. $BaCl_2$ fällt hellgelbes $BaCrO_4$, löslich in HNO_3, unlöslich in Essigsäure.

4. Pb-Acetat fällt aus neutraler oder essigsaurer Lösung gelbes $PbCrO_4$, löslich in HNO_3.

5. Konz. HCl gibt beim Erhitzen mit Chromaten Grünfärbung unter Chlorentwicklung (Reduktion von CrO_4'' zu Cr'''). Ebenso reduzieren SO_2, H_2S u. a.

6. H_2O_2 zu saurer Chromatlösung gesetzt gibt Blaufärbung von Überchromsäure H_3CrO_8, die sich in Äther auflöst und rasch unter Sauerstoffentwicklung und Grünfärbung zersetzt.

Mangansäure H_2MnO_4 zersetzt sich in freiem Zustand resp. saurer Lösung sofort zu MnO_2 und rotem Permanganat. Beständig sind nur stark alkalische Lösungen. Na_2MnO_4 ist der grüne Bestandteil der Manganschmelze mit Soda und Salpeter.

Permangansäure $HMnO_4$ resp. MnO_4':

1. Verd. H_2SO_4 macht aus Salzen $HMnO_4$ frei; konz. H_2SO_4 gibt mit festen Permanganaten das höchst explosive dunkle, ölige Mn_2O_7 (Vorsicht!).

2. Reduktionsmittel wie SO_2, $SnCl_2$, $FeSO_4$, Oxalsäure u. a. entfärben saure Permanganatlösung (aus neutraler oder alkalischer Permanganatlösung scheiden sie MnO_3H_2 unter Entfärbung ab).

3. Aus KJ wird durch angesäuerte Permanganatlösung Jod in Freiheit gesetzt.

Säuren des Kohlenstoffs
(Organische Säuren).

Kohlendioxyd CO_2 bzw. Kohlensäure H_2CO_3 bzw. CO_3'':

1. Verd. und konz. H_2SO_4 machen aus Carbonaten CO_2 frei, die $Ba(OH)_2$ (am Glasstab oder beim Überleiten) trübt. HCl verhält sich ebenso und es ist sicherer mit ihr die Probe zu machen.

2. $AgNO_3$ fällt weißes Ag_2CO_3, löslich in HNO_3, wird durch Kochen in braunes Ag_2O verwandelt.

3. $BaCl_2$ fällt weißes $BaCO_3$, löslich in HNO_3.

Essigsäure $CH_3 \cdot COOH$ bzw. $C_2O_2H_3'$:

1. Verd. und konz. H_2SO_4 geben beim Erhitzen Essiggeruch. Fügt man zur Lösung in konz. H_2SO_4 Alkohol und kocht, so entsteht der charakteristische Essigestergeruch.

2. $AgNO_3$ gibt nur in konz. Lösung weißes $AgOCOCH_3$, löslich in viel Wasser.

3. $BaCl_2$ gibt keinen Niederschlag.

4. $FeCl_3$ gibt mit neutralen Acetatlösungen blutrote Färbung; beim Verdünnen und Kochen fällt braunes basisches Ferriacetat $Fe(OH)_2OCOCH_3$.

5. Trockenes Acetat mit wenig festem KOH (oder Natronkalk oder trockener Soda) und As_2O_3 erhitzt gibt den unangenehmen Kakodylgeruch.

Oxalsäure $H_2C_2O_4$ bzw. C_2O_4'':

1. Verd. H_2SO_4 ohne Einwirkung.

2. Konz. H_2SO_4 zersetzt beim starken Erhitzen zu $CO_2[Ba(OH)_2]$ und CO (brennt mit blauer Farbe): keine C-Abscheidung.

3. $AgNO_3$ fällt weißes $Ag_2C_2O_4$, löslich in HNO_3 und NH_3.

4. $BaCl_2$ fällt weißes BaC_2O_4, löslich in HNO_3, schwer löslich in Essigsäure.

5. $CaCl_2$ fällt weißes CaC_2O_4, löslich in Mineralsäuren, unlöslich in Essigsäure.

Weinsäure $H_2(C_4O_6H_4)$ bzw. $C_4O_6H_4''$:

1. Erhitzen im Glühröhrchen gibt brenzlichen (Caramel-)Geruch und Verkohlung.
2. Konz. H_2SO_4 verkohlt bei starkem Erhitzen, wobei SO_2 entsteht.
3. $AgNO_3$ fällt weißes $Ag_2C_4O_6H_4$, löslich in HNO_3 und NH_3. Beim Kochen scheidet sich metallisches Ag (oft als Spiegel) ab.
4. $BaCl_2$ fällt weißes $BaC_4O_6H_4$, löslich in Säuren, auch in Essigsäure.
5. $CaCl_2$ fällt weißes krystallinisches $CaC_4O_6H_4$, löslich in Essigsäure (Unterschied von Oxalsäure).
6. K-Salze geben in neutralen weinsauren Salzlösungen keine Fällung. Säuert man mit Essigsäure an, so fällt Weinstein $KHC_4O_6H_4$ aus.

Cyanwasserstoffsäure HCN bzw. CN'
(Geruch nach bitteren Mandeln. Vorsicht giftig!):

1. Verd. H_2SO_4 entwickelt in der Kälte HCN [nicht mit AgCN und $Hg(CN)_2$].
2. Konz. H_2SO_4 entwickelt HCN und CO.
3. $AgNO_3$ fällt weißes AgCN, unlöslich in HNO_3, löslich in NH_3, KCN und $Na_2S_2O_3$.
4. Alkalicyanid mit etwas $FeSO_4$, $FeCl_3$ und mit Natronlauge erhitzt, gibt beim Ansäuern Berlinerblau $Fe_4^{III}[Fe(CN)_6]_3$.

Rhodanwasserstoffsäure HSCN bzw. SCN' (Heparreaktion):

1. Beim Erhitzen schmelzen Alkalirhodanide und färben sich erst gelb, dann grün und blau, um beim Erkalten wieder weiß zu werden. — Hg-Rhodanide blähen sich stark auf (Pharaoschlangen).
2. Konz. H_2SO_4 reagiert heftig unter Entwicklung stechend riechender Dämpfe und Abscheidung von Schwefel.
3. $AgNO_3$ fällt weißes, käsiges AgSCN, unlöslich in HNO_3, löslich in viel NH_3.
4. $BaCl_2$ gibt keinen Niederschlag.
5. $FeCl_3$ gibt blutrote Färbung von $Fe(SCN)_3$, die durch HCl nicht verschwindet (Unterschied von Ferriacetat).
6. $CuSO_4$ fällt schwarzes $Cu(SCN)_2$, fügt man SO_2 zu und erwärmt, so entsteht weißes CuSCN.

Ferrocyanwasserstoffsäure $H_4[Fe(CN)_6]$ bzw. $[Fe(CN)_6]''''$;

1. Verd. H_2SO_4 entwickelt erst in der Hitze HCN (Unterschied von HCN).
2. Konz. H_2SO_4 zersetzt in der Hitze unter Entwicklung von CO (und SO_2).
3. $AgNO_3$ fällt weißes $Ag_4[Fe(CN)_6]$, unlöslich in HNO_3 und NH_3.
4. $BaCl_2$ keine Fällung.
5. $FeCl_3$ gibt Berlinerblau $F_4^{III}[Fe(CN)_6]_3$.
6. $CuSO_4$ fällt braunes $Cu_2[Fe(CN)_6]$.

Ferricyanwasserstoffsäure $H_3[Fe(CN)_6]$ bzw. $[Fe(CN)_6]'''$:

1. Verd. H_2SO_4 entwickelt in der Hitze HCN (Unterschied von HCN).
2. Konz. H_2SO_4 zersetzt unter Entwicklung von CO (und SO_2).
3. $AgNO_3$ fällt orangerotes $Ag_3[Fe(CN)_6]$, unlöslich in HNO_3, löslich in NH_3.
4. $BaCl_2$ keine Fällung.
5. $FeSO_4$ (Ferrosalz) fällt Turnbulls Blau $Fe_3^{II}[Fe(CN)_6]_2$.
6. $CuSO_4$ fällt grünes $Cu_3[Fe(CN)_6]_2$.
7. KJ scheidet Jod aus.

Nachweis von Cl' neben CN'. Man destilliert die Substanz mit überschüssigem $NaHCO_3$ im Reagensglas mit Überleitungsrohr (für CO_2-Nachweis) in ein Reagensglas, das $AgNO_3 + HNO_3$ enthält. Entsteht ein Niederschlag, so ist CN' nachgewiesen. Im Rückstand ist Cl' nachweisbar.

Anhang.
Die Theorie der elektrolytischen Dissoziation
(Dissoziationstheorie, Ionentheorie).

In wässerigen Lösungen reagieren Säuren, Basen und Salze so, als ob sie aus zwei Teilen beständen: $CuSO_4$ z. B. so, als ob es aus Cu und SO_4; $AgNO_3$ so, als ob es aus Ag und NO_3 zusammengesetzt wäre und nicht aus Cu, S und O resp. Ag, N und O. Die gleichen Körper leiten auch den elektrischen Strom und werden durch ihn primär ebenfalls so zersetzt, als ob sie zweiteilig (z. B. aus Cu und SO_4 resp. Ag und NO_3) zusammengesetzt wären. Analytische Reaktionsfähigkeit und elektrolytische Zersetzung gehen bei Säuren, Basen und Salzen (sog. Elektrolyten) besonders in wässerigen Lösungen parallel. Dies merkwürdige Verhalten wird durch die Theorie der elektrolytischen Dissoziation, auch kurz Dissoziationstheorie oder Ionentheorie genannt, erklärt.

Diese Theorie nimmt an, daß die analytischen Reaktionen und elektrolytischen Zersetzungen nicht durch die ganzen Moleküle der Elektrolyte hervorgerufen werden, sondern durch positiv oder negativ geladene Spaltstücke der Moleküle, die man Ionen nennt und die ihre Ladungen neutralisieren.

Ionen sind somit positiv oder negativ elektrisch geladene Atome oder Atomgruppen. Die positiven und negativen Ladungen haften in Quanten von je 96500 Coulomb oder einfachen Vielfachen davon an den Atomen oder Atomgruppen. Je nach der Zahl der Quanten unterscheidet man 1-, 2-, 3- usw. wertige Ionen. Bei einwertigen Ionen sind somit 1×96500 Coulomb positive oder negative Elektrizität mit 1 Atom oder 1 Atomgruppe verbunden, bei zweiwertigen 2×96500 Coulomb usw.

Die positiv geladenen Ionen nennt man Kationen und kennzeichnet sie durch das Buchstabensymbol mit einem oder mehreren Punkten rechts oben, z. B. $Ag^{\cdot}$, $(NH_4)^{\cdot}$, $Cu^{\cdot\cdot}$, $Al^{\cdot\cdot\cdot}$ u. a.

Die negativ geladenen Ionen heißen Anionen und sind durch das Buchstabensymbol mit einem oder mehreren Strichen rechts oben gekennzeichnet, z. B. Cl', SO_4'', PO_4''' usw.

Die Ionen können als eine Art von chemischen Verbindungen des Atoms oder der Atomgruppe mit den Quanten positiver oder negativer Elektrizität aufgefaßt werden (Elektroaffinität). Je nach ihrer Natur sind die Atome oder Atomgruppen sehr fest oder sehr wenig fest mit den elektrischen Ladungen verbunden (elektroaffin) mit allen Zwischenstadien. Man hat die Ionen zu sog. Elektroaffinitätsreihen zusammengestellt, die mit den Ionen beginnen, die die elektrische Ladung am festesten halten, dann die von immer abnehmender Elektroaffinität bringen und mit den am schwächsten elektroaffinen schließen:

K·, Na·, Li·, Ba··, Sr··, Ca··, Mg··, Al···, Mn··, Zn··, Cd··, Cr···, Fe··,
Co··, Ni··, Sn··, Pb··, H·, Cu··, As···, Sb···, Bi···, Hg·, Ag·[1],
F′, $NO_3′$, $ClO_3′$, Cl′, $SO_4″$, Br′, J′, $PO_4‴$, $CO_3″$, $CrO_4″$, $SiO_3″$, SH′,
$(H_2BO_3)′$, **OH′**, CN′, O″, S″.

Bringt man z. B. ein in der Reihe vorstehendes Element (nicht Ion) mit einer Ionen enthaltenden Lösung eines nachstehenden in Berührung, so gibt das Ion seine Ladung an das Element und scheidet sich nicht ionisiert ab, während das Element in den Ionenzustand übergeht: z. B. Zink, Fe usw. scheiden Cu aus Kupferlösungen aus, Cl setzt Br und J, Br setzt J aus den Lösungen ihrer Salze in Freiheit.

$$\mathbf{Zn} + Cu·· = Zn·· + \mathbf{Cu},$$
$$Cl_2 + 2\,Br′ = 2\,Cl′ + \mathbf{Br_2},$$
$$Cl_2 + 2\,J′ = 2\,Cl′ + \mathbf{J_2}.$$

Durch seine stärkere Elektroaffinität vermag also ein in der Reihe vorstehendes Element dem Ion eines in der Reihe nachstehenden seine elektrische Ladung gleichsam zu entziehen und es so in Freiheit zu setzen.

Die Moleküle der Elektrolyte wie HCl, NaOH, NaCl, $CuSO_4$ u. a. zerfallen in wässeriger Lösung ganz oder teilweise in H· + Cl′ resp. Na· + (OH)′, Na· + Cl′, Cu·· + $SO_4″$.

Säuren sind somit im Sinne der Ionentheorie Verbindungen, deren wässerige Lösungen **Wasserstoffionen**, **Basen** solche, deren wässerige Lösungen **Hydroxylionen** enthalten. Starke Säuren oder Basen sind solche, die in wässeriger Lösung stark dissoziieren, schwache Säuren und Basen solche, die in analoger Lösung wenig Ionen bilden.

Die analytischen Reaktionen kommen dadurch zustande, daß Ionen entgegengesetzter elektrischer Ladung äquivalente Quanten positiver und negativer Elektrizität ausgleichen und so elektrisch neutrale Moleküle bilden (die in den folgenden Formeln fett gedruckt sind), z. B.:

$$\text{H· + Cl′ + Na· + (OH)′} = \mathbf{H_2O} + \text{Na· + Cl′} \quad \Big\} \text{ Neutralisation.}$$
$$2\,\text{H· + } SO_4″ + 2\,\text{Na· + 2 (OH)′} = 2\,\mathbf{H_2O} + 2\,\text{Na· + } SO_4″$$

$$\text{Na· + Cl′ + Ag· + } NO_3′ = \mathbf{AgCl} + \text{Na· + } NO_3′ \quad \Big\} \text{ Fällung.}$$
$$\text{Ba·· + 2 Cl′ + 2 H· + } SO_4″ = \mathbf{BaSO_4} + 2\,\text{H· + 2 Cl′}$$

Diese Vereinigungen von Ionen entgegengesetzten Vorzeichens zu elektroneutralen Molekülen finden besonders dann statt, wenn solche

---

[1] Diese Reihenfolge hängt nicht nur von der Natur des Metalles, sondern auch von der Konzentration der Ionen in der Lösung ab. Sie kann sich danach in beschränkten Grenzen ändern.

Ionen in Lösungen zusammenkommen, die entweder zu einer wenig dissoziierbaren Verbindung (wie H_2O) oder zu einer schwer löslichen Verbindung (wie AgCl, $BaSO_4$ u. a.) zusammentreten können.

Mit dieser Theorie erklärt es sich, warum die wässerigen Lösungen zweiteilig reagieren und warum Halogene, wenn sie mit den verschiedensten anderen Atomen oder Atomgruppen (z. B. in $BaCl_2$, $FeCl_3$ usw.) zu Salzen vereinigt sind, in wässeriger Lösung mit Ag-Lösung stets den gleichen Niederschlag von Halogensilber geben. Die Frage, warum KJ-Lösung mit Ag-Lösung AgJ gibt, nicht aber KJO_3-Lösung, beantwortet sich dahin, daß nur KJ-Lösung J-Ionen enthält, KJO_3-Lösung dagegen nicht, sondern JO_3-Ionen, die mit Ag-Ionen darum auch kein AgJ, sondern $AgJO_3$ geben, das nur in konz. Lösung ausfällt. Daß viele Halogenverbindungen des Kohlenstoffs in wässeriger Lösung mit Ag-Lösung keinen Niederschlag geben, rührt daher, daß an Kohlenstoff gebundenes Halogen meist nicht in den Ionenzustand überzugehen vermag. Darum müssen organische Verbindungen beim Analysengang zerstört resp. entfernt werden.

In konz. wässerigen Lösungen sind die Moleküle von Elektrolyten wenig, in mehr und mehr verdünnten werden sie immer weitgehender in Ionen gespalten. Aber nur in sehr verdünnten Lösungen kann man bei starken Elektrolyten praktisch völlige Dissoziation in Ionen annehmen. Die gewöhnlichen analytischen Lösungen (Reagenslösungen) enthalten nur teilweise dissoziierte Moleküle, und es herrscht für jede Temperatur und Konzentration bei jedem Elektrolyten ein Gleichgewichtszustand zwischen undissoziierten Molekülen und Ionen, was man durch folgende und analoge Gleichungen ausdrückt.

$$HCl \rightleftarrows H^{\cdot} + Cl'$$
$$NaOH \rightleftarrows Na^{\cdot} + (OH)'$$
$$NaCl \rightleftarrows Na^{\cdot} + Cl'.$$

Für jede bestimmte Temperatur[1] und Konzentration ist das Verhältnis der Mengen links zu denen rechts konstant. Man kann das entsprechend dem Guldberg-Waageschen Gesetz in den angezogenen Fällen so ausdrücken:

$$\frac{[H^{\cdot}] \times [Cl']}{[HCl]} = \text{Konst.}; \quad \frac{[Na^{\cdot}] \times [OH']}{[NaCl]} = \text{Konst.}; \quad \frac{[Na^{\cdot}] \times [Cl']}{[NaCl]} = \text{Konst.}$$

Die Klammerausdrücke bedeuten die Konzentrationen (Zahl der Ionen oder Moleküle in der Volumeinheit) des Eingeklammerten.

Die analytischen Operationen mit Lösungen bestehen nun vielfach darin, daß man Reagenslösungen vermischt, verdünnt oder konzen-

---

[1] Zwei- und mehrbasische Säuren dissoziieren teilweise und völlig. Das Gleichgewicht ist hier komplizierter, z. B.: $H_2SO_4 \rightleftarrows H^{\cdot} + (HSO_4)' \rightleftarrows H^{\cdot} + SO_4''$.

triert. Hierbei finden fortwährend Beeinflussungen des Gleichgewichts statt, von denen wir einige besprechen wollen.

Bei Fällungen z. B. von $Ba^{..}$ und $Pb^{..}$ durch SO_4'' oder umgekehrt genügen erfahrungsgemäß genau äquivalente Mengen beider Ionen nicht, um eine vollständige Ausfällung von $BaSO_4$ resp. $PbSO_4$ zu bewirken. Vielmehr ist dazu ein Überschuß des zuzusetzenden Ions erforderlich. Das erklärt man in folgender Weise: Auch so schwer lösliche Körper wie $BaSO_4$ sind nicht völlig unlöslich in Wasser. Sie bilden damit eine gesättigte Lösung, in der ein Gleichgewicht $Ba^{..} + SO_4''$ $\rightleftarrows BaSO_4$ vorhanden ist. Nach dem Massenwirkungsgesetz ist dann $\frac{[Ba^{..}] \times [SO_4'']}{[BaSO_4]} = \text{Konst.}$ oder $[Ba^{..}] \times [SO_4'] = \text{Konst.} \times [BaSO_4]$, denn bei bestimmter Temperatur ist auch Konst. $\times [BaSO_4]$ konstant.

Man nennt nun das Produkt der Konzentrationen beider Ionen in einer gesättigten Lösung also hier $[Ba^{..}] \times [SO_4'']$ das **Löslichkeitsprodukt**, weil von seinem Werte die Löslichkeit des Fällungsproduktes in der Reaktionsflüssigkeit bedingt wird[1].

Bei äquivalenten Mengen von $Ba^{..}$ und SO_4'' kann wegen des Gleichgewichts in der gesättigten Lösung völlige Ausfällung noch nicht erfolgen. Gibt man aber z. B. mehr $Ba^{..}$-Lösung zu, vergrößert man also die Konzentration dieses Ions, so muß, damit das Gleichgewicht erhalten bleibt, die Konzentration der SO_4-Ionen zurückgehen. Das kann dadurch geschehen, daß diese Ionen sich mit Ba-Ionen zu $BaSO_4$ vereinigen, das dann ausfällt, da die Lösung an $BaSO_4$ bereits gesättigt ist. Während bei der Fällung des schwer löslichen $BaSO_4$ nur ein geringer Überschuß von $Ba^{..}$ oder SO_4'' nötig ist, braucht man zur Fällung des leichter löslichen $PbSO_4$ mehr von dem Fällungsmittel. Analoge Betrachtungen gelten für die Ausscheidung von $BaCl_2$, $PbCl_2$ u. a. aus ihren Lösungen durch überschüssige Salzsäure.

Um völlige Ausfällung eines Niederschlages zu garantieren, muß das Löslichkeitsprodukt überschritten sein.

Der meist übliche Trennungsgang der metallischen Elemente auf nassem Wege beruht in erster Linie auf der verschiedenen Löslichkeit ihrer Sulfide in Wasser, Säuren und Alkalien. Man stellt diese Metallsulfide (meist MeS oder Me_2S_3) dar durch Einleiten von Schwefelwasserstoff oder durch Zusatz von Schwefelammonium zu den Metallösungen, wobei Ionenreaktionen im Sinne der Gleichungen:

$$Me^{..} + S'' = MeS \text{ (oder } 2\,Me^{...} + 3\,S'' = Me_2S_3\text{)}$$

---

[1] Wenn das Löslichkeitsprodukt in einer Flüssigkeit noch nicht erreicht ist, wirkt die Flüssigkeit lösend auf das Fällungsprodukt, ist es überschritten, so ist die Flüssigkeit in bezug auf das Fällungsprodukt übersättigt, es hat die Möglichkeit auszufallen.

stattfinden. In beiden Fällen ist die anfängliche Konzentration der S-Ionen eine verschiedene. Da H_2S an sich schon sehr wenig dissoziiert und dazu noch in Wasser in geringer Menge löslich ist, so kann bei der geringen S-Ionenkonzentration beim Einleiten von H_2S auch anfangs nur wenig MeS gebildet werden und erst in dem Maße weiterentstehen, als S-Ionen aus H_2S-Molekülen nachgebildet werden. Darum geht die Fällung mit H_2S nur allmählich vor sich, wobei sich infolge der sukzessiven Dissoziation von H_2S-Molekülen die H-Ionen bis zur völligen Ausfällung stetig vermehren.

Während nun die Sulfide der H_2S- und $(NH_4)_2S$-Gruppe in Wasser durchweg unlöslich sind, zeigen sie H-Ionen, also Säuren gegenüber ein verschiedenes Verhalten. Einige, wie HgS, sind in Mineralsäuren so gut wie unlöslich, andere, wie ZnS, MnS, lösen sich momentan darin auf und wieder andere lösen sich je nach der Konzentration der Säure teilweise auf und teilweise nicht. Diese letzteren Fälle faßt man als Gleichgewichtsreaktionen folgender Art auf:

$$MeS + 2\,H^{\cdot} \rightleftarrows Me^{\cdot\cdot} + H_2S$$

und ihr quantitativer Verlauf wird durch das Massenwirkungsgesetz (s. oben) geregelt. **Je weniger H-Ionen (Säure) vorhanden sind, desto weniger Metallsulfid kann zersetzt werden, desto mehr Metallsulfid kann beim Einleiten von H_2S ausfallen. Das gilt besonders für die Ausfällung des Cadmiums, und darum verdünnt man vor dem Einleiten von H_2S die Lösung, bis sie nicht viel mehr als 3% Säure enthält,** zumal ja der H-Ionengehalt sich während des Ausfällens stetig vermehrt.

Es gibt aber noch eine andere Methode, die Konzentration der H-Ionen zu verringern, als die durch Verdünnung, nämlich den Zusatz von essigsaurem Natrium zu einer mineralsauren Flüssigkeit. Dabei findet folgende Reaktion statt:

$$H^{\cdot} + Na^{\cdot} + CH_3COO' = Na^{\cdot} + CH_3COOH\,.$$

Es bildet sich Essigsäure, die nur so wenig in Ionen gespalten ist, daß z. B. ZnS von den wenigen H-Ionen nicht merklich angegriffen wird. Darum fällt Zn aus essigsaurer Lösung beim Einleiten von H_2S aus. Mangan wird aber auch aus essigsaurer Lösung durch H_2S nicht gefällt, weil selbst die ganz geringen Mengen von H-Ionen genügen, um MnS zu zersetzen. Hier entfernt man durch Zusatz von wässerigem Ammoniak ($NH_4 \cdot OH$) alle Wasserstoffionen, wodurch MnS beim Einleiten von H_2S [Bildung von $(NH_4)_2S$] ausfallen kann (ebenso natürlich ZnS). Damit sind wir zur Einwirkung von Schwefelammonium gekommen.

Schwefelammonium ist sehr viel stärker (in $2\,NH_4^{\cdot} + S''$) dissoziiert als H_2S. Seine wässerige Lösung hat also von vornherein eine sehr erhebliche S-Ionenkonzentration und enthält keine H-Ionen. Darum fallen die Sulfide mit ihm viel geschwinder aus als mit H_2S.

Verhinderung von Fällungen. Aus Magnesiumsalzlösungen wird mit Ammoniak das Magnesium teilweise gefällt. Wir haben das Gleichgewicht $Mg^{\cdot\cdot} + 2\,OH' \rightleftarrows Mg(OH)_2$. Diese Fällung löst sich in Chlorammoniumlösung wieder auf. Setzt man von vornherein Chlorammonium zur Magnesiumsalzlösung, so wird auf Zusatz von Ammoniak gar kein Magnesium gefällt. Dies Verhalten benutzt man, um zu verhindern, daß beim Analysengang Magnesium schon im Schwefelammon- oder im Ammoniumcarbonatniederschlag mit ausfällt. Im wässerigen Ammoniak ist $NH_4 \cdot OH$ enthalten, das nur wenig dissoziiert ist. Wir haben $[NH_4^{\cdot}] \times [OH'] = \text{Konst.} \times [NH_4 \cdot OH]$. Setzt man nun Chlorammonlösung zu, so wird die Konzentration der NH_4-Ionen vermehrt, wobei sich die OH-Ionenkonzentration verringern muß, wenn das Gleichgewicht weiter bestehen soll. Da nun im wässerigen Ammoniak die OH-Ionenkonzentration sowieso schon gering ist, wird sie durch Zusatz von NH_4-Ionen rasch so weit herabgedrückt, daß Mg-Ionen nicht mehr genügend OH-Ionen finden, um als $Mg(OH)_2$ gefällt zu werden.

Hydrolyse.

Das Wasser leitet den elektrischen Strom sehr wenig, ist also sehr wenig dissoziiert. Das Gleichgewicht $H_2O \rightleftarrows H^{\cdot} + OH'$ resp. $H_2O \rightleftarrows 2\,H^{\cdot} + O''$ ist also sehr zugunsten der linken Seite eingestellt. Bei gewöhnlicher Temperatur enthalten ca. 10 Millionen kg Wasser nur 18 g Ionen von $H^{\cdot}$ und OH', bei höherer Temperatur nimmt die Dissoziation des Wassers zu und ist z. B. bei 50° schon 17mal so groß als bei 0°, sie erreicht aber nie einen einigermaßen erheblichen Wert. Trotzdem spielen diese geringen Mengen von Ionen bei analytischen Reaktionen eine große Rolle. Sie verursachen die Erscheinung der Hydrolyse.

Wir haben gesehen, daß Ausgleich der Ladungen entgegengesetzter Ionen besonders leicht dann stattfindet, wenn sich aus ihnen schwach dissoziierende Verbindungen (H_2O, H_2S, CO_2, HCN, NH_4OH u. a.) bilden können. Das ist der Fall bei wässerigen Lösungen von 1. schwachen Säuren mit starken Basen ($CH_3 \cdot COONa$), 2. schwachen Basen mit starken Säuren (NH_4Cl), 3. schwachen Säuren mit schwachen Basen [$Al(OCOCH_3)_3$] u. a.

KCN reagiert z. B. in wässeriger Lösung alkalisch, $ZnCl_2$ sauer. Ersteres schickt CN-, letzteres Zn-Ionen in Lösung, die sich mit den Ionen des Wassers $H^{\cdot}$ und OH' größtenteils zu HCN und $Zn(OH)_2$ entladen. Dadurch werden im ersten Falle OH-, im zweiten H-Ionen frei, die die alkalische resp. saure Reaktion der Lösungen verursachen:

$$K^{\cdot} + CN' + H^{\cdot} + OH' = HCN + K^{\cdot} + OH'$$
$$Zn^{\cdot\cdot} + 2\,Cl' + 2\,H_2O = Zn(OH)_2 + 2\,H^{\cdot} + 2\,Cl'.$$

Andere Beispiele für die Hydrolyse sind:

$$(BiCl)^{\cdot\cdot} + 2\,Cl' + 2\,H^{\cdot} + O'' = \mathbf{BiOCl} + 2\,H^{\cdot} + 2\,Cl'$$
$$\underset{\text{Hexacetato-triferri-chlorid}}{[Fe_3(OCOCH_3)_6]Cl_3} + 6\,H_2O = \underset{\text{basis. hes Ferri-acetat}}{3\,Fe(OH)_2OCOCH_3} + 3\,CH_3COOH + 3\,HCl.$$

Auf Hydrolyse beruht es ferner, daß im Schwefelammoniumniederschlag nicht Al_2S_3, sondern sein Hydrolysierungsprodukt AlO_3H_3 entsteht und ebenso bei der Einwirkung von $BaCO_3$ auf $AlCl_3$-Lösung.

Oxydation und Reduktion.

Oxydationen bestehen darin, daß entweder Sauerstoff oder andere negative Elemente (z. B. Cl) aufgenommen werden oder Wasserstoff abgegeben wird. Bei Reduktion ist es umgekehrt. Die der Oxydation oder Reduktion unterliegenden Elemente resp. Elementenkomplexe gehen bei der Oxydation und Reduktion aus einer niederen in eine höhere Wertigkeitsstufe über, oder umgekehrt. Das entspricht in der Ionentheorie einer Änderung in der Ladungszahl:

$\left.\begin{array}{l}\text{Oxydation}\\\text{Reduktion}\end{array}\right\}$ von Ionen besteht in der $\left\{\begin{array}{l}\text{Vermehrung}\\\text{Verminderung}\end{array}\right\}$ der Zahl der positiven bzw. in $\left\{\begin{array}{l}\text{Verminderung}\\\text{Vermehrung}\end{array}\right\}$ der Zahl der negativen Ladungen.

Beispiele für Oxydationen:

$Fe^{\cdot\cdot} \to Fe^{\cdot\cdot\cdot}$
$Sn^{\cdot\cdot} \to Sn^{\cdot\cdot\cdot\cdot}$
$As^{\cdot\cdot\cdot} \to As^{\cdot\cdot\cdot\cdot\cdot}$
$2\,J' \to J_2$
$S'' \to S$
$[Fe(CN)_6]'''' \to [Fe(CN)_6]'''$
$Mn^{\cdot\cdot} \to MnO_4'' \to MnO_4'$
$Cr^{\cdot\cdot\cdot} \to CrO_4''$ resp. Cr_2O_7''.

Beispiele für Reduktionen:

$Fe^{\cdot\cdot\cdot} \to Fe^{\cdot\cdot}$
$Sn^{\cdot\cdot\cdot\cdot} \to Sn^{\cdot\cdot}$
$As^{\cdot\cdot\cdot\cdot\cdot} \to As^{\cdot\cdot\cdot}$
$J_2 \to 2\,J'$
$S \to S''$
$[Fe(CN)_6]''' \to [Fe(CN)_6]''''$
$MnO_4' \to MnO_4'' \to Mn^{\cdot\cdot}$
Cr_2O_7'' resp. $CrO_4'' \to Cr^{\cdot\cdot\cdot}$.

An der Vermehrung und Verminderung der Zahl der positiven und negativen Ladungen beteiligen sich auch die neutralisierten Ladungen der oxydierenden Elemente, z. B. Chlor und Sauerstoff, die man dann auch schreibt Cl', O'''' z. B.:

$$Fe^{\cdot\cdot} + 2\,Cl' + Cl'' = Fe^{\cdot\cdot\cdot} + 3\,Cl'$$
$$2\,Fe^{\cdot\cdot} + O'''' + H_2O = 2\,Fe^{\cdot\cdot\cdot} + 2\,OH'.$$

Springer-Verlag Berlin Heidelberg GmbH

Kurzes Lehrbuch der allgemeinen Chemie. Von Julius Gróh, o. ö. Professor der Chemie an der Tierärztlichen Hochschule Budapest. Übersetzt von Paul Hári, o. ö. Professor der Physiologischen und Pathologischen Chemie an der Universität Budapest. Mit 69 Abbildungen. VIII, 278 Seiten. 1923. Gebunden RM 8.—

Einführung in die physikalische Chemie für Biochemiker, Mediziner, Pharmazeuten und Naturwissenschaftler. Von Dr. **Walther Dietrich.** Zweite, verbesserte Auflage. Mit 6 Abbildungen. VIII, 109 Seiten. 1923.
RM 2.80

Fachausdrücke der physikalischen Chemie. Ein Wörterbuch. Von Dr. med. **Bruno Kisch,** a. o. Professor an der Universität Köln a. Rh. Zweite, vermehrte und verbesserte Auflage. IV, 100 Seiten. 1923. RM 4.—

Grundbegriffe der Kolloidchemie und ihrer Anwendung in Biologie und Medizin. Einführende Vorlesungen. Von Dr. **Hans Handovsky,** a. o. Professor an der Universität Göttingen. Zweite, durchgesehene Auflage. Mit 6 Abbildungen. V, 64 Seiten. 1927. RM 2.70

Die Wasserstoffionenkonzentration, ihre Bedeutung für die Biologie und die Methoden ihrer Messung. Von Dr. **Leonor Michaelis,** a. o. Professor an der Universität Berlin. („Monographien aus dem Gesamtgebiet der Physiologie der Pflanzen und der Tiere" Band I.) Zweite, völlig umgearbeitete Auflage 1922. Unveränderter Neudruck 1927 mit einem die neuere Forschung berücksichtigenden Anhang. Mit 32 Textabbildungen. XII, 271 Seiten. Gebunden RM 16.50

Die Bestimmung der Wasserstoffionenkonzentration von Flüssigkeiten. Ein Lehrbuch der Theorie und Praxis der Wasserstoffzahlmessungen in elementarer Darstellung für Chemiker, Biologen und Mediziner. Von Dr. med. **Ernst Mislowitzer,** Privatdozent für physiologische und pathologische Chemie an der Universität Berlin. Mit 184 Abbildungen. X, 378 Seiten. 1928.
RM 24.—; gebunden RM 25.50

Der Gebrauch von Farbindicatoren. Ihre Anwendung in der Neutralisationsanalyse und bei der colorimetrischen Bestimmung der Wasserstoffionenkonzentration. Von Dr. **I. M. Kolthoff,** o. Professor für analytische Chemie an der Universität von Minnesota in Minneapolis, USA. Dritte Auflage. Mit 25 Textabbildungen und einer Tafel. XII, 288 Seiten. 1926. RM 12.—

MIX
Papier aus verantwortungsvollen Quellen
Paper from responsible sources
FSC® C105338

If you have any concerns about our products,
you can contact us on
ProductSafety@springernature.com

In case Publisher is established outside the EU,
the EU authorized representative is:
**Springer Nature Customer Service Center GmbH
Europaplatz 3, 69115 Heidelberg, Germany**

Printed by Libri Plureos GmbH
in Hamburg, Germany